空间视角下的
粤港澳大湾区

**The Guangdong-Hong Kong-Macao
Greater Bay Area from a Spatial
Perspective**

景　涛◎著

智慧人居环境建设丛书

中国建筑工业出版社

图书在版编目（CIP）数据

空间视角下的粤港澳大湾区=The Guangdong-Hong Kong-Macao Greater Bay Area from a Spatial Perspective / 景涛著. -- 北京：中国建筑工业出版社，2024.11. --（智慧人居环境建设丛书）. -- ISBN 978-7-112-30055-6

Ⅰ. TU984.265

中国国家版本馆CIP数据核字第20243Q5K43号

本书利用卫星遥感、地理信息、统计数据、大数据等多源时空数据形成研究数据库，在此基础上构建粤港澳大湾区的综合动态研究体系。首先，识别国土空间资源，认识空间形态以及包含的特质与存在的方式；其次，以拓扑网络研究要素的空间联系以及网络组织，分析空间关系聚合体形态；最后，以劳动空间分工研究空间多元性、异质性和杂合性。综合以上对空间形成的系统认知进行互补性评价，最终形成完整的逻辑框架并通过空间了解粤港澳大湾区。本书适用于区域发展、国土空间及城乡规划等相关专业的研究人员阅读参考。

责任编辑：张华　唐旭
书籍设计：锋尚设计
责任校对：赵力

智慧人居环境建设丛书
空间视角下的粤港澳大湾区
The Guangdong-Hong Kong-Macao Greater Bay Area from a Spatial Perspective
景　涛　著

*

中国建筑工业出版社出版、发行（北京海淀三里河路9号）
各地新华书店、建筑书店经销
北京锋尚制版有限公司制版
北京中科印刷有限公司印刷

*

开本：787毫米×1092毫米　1/16　印张：11¼　字数：252千字
2024年12月第一版　　2024年12月第一次印刷
定价：**50.00**元
ISBN 978-7-112-30055-6
（43098）

前言

　　湾区自提出后内涵就十分丰富，不仅涵盖国家战略、体制机制，也具有区域一体化的指向。结合相关研究，本书将粤港澳大湾区界定于引领中国城镇化发展新阶段，空间资源最丰富、空间发展最活跃、空间格局最特殊的城市群区域。一方面，粤港澳大湾区已经成为参与全球竞合的重要空间载体，多核心的世界级湾区正快速成长；另一方面，粤港澳大湾区社会经济发展、空间地理环境、行政体制等方面独特性明显。由此引发如下思考：如何系统地测度粤港澳大湾区发展演变？如何客观地认知粤港澳大湾区的外在表象与内部机制？如何科学地看待海湾在湾区发展中的作用？这一系列问题的解决，可以为实现效率与公平的共同提升提供帮助，对于保障粤港澳大湾区的协同和高质量发展，以及进行城市群区域层面的国土空间规划具有重要的战略意义和时代价值。

　　随着空间进化带来的改变，人们对于空间的理解在不断深入，由空间领域探索新的阐释机制，并为观察正在发生的变革提供了一个有益的视角。出于上述考虑，本书确定以"空间"为核心对粤港澳大湾区发展演变进行研究，中心观点建立在空间是系统复杂性的简化需求。由于空间的多维属性特征，社会、经济、生态等要素会以不同的表现形式参与到空间变化中，并且通过"空间形态—空间网络—空间结构"系统地反映出各要素的运作状态，这是分析粤港澳大湾区发展演变的基本思路。再者，分析若借助空间自身的属性数据，通过空间计量可以精确地反映出粤港澳大湾区的演变特征及发展程度，预判其发展方向。

　　因此，为了客观、有效、细致地分析粤港澳大湾区这一大尺度城市群区域，本书在利用高分辨率卫星遥感、基础地理信息、统计数据、大数据等多源时空数据建立研究数据库的基础上，结合空间可视化分析，构建综合动态研究体系，以此形成完整的逻辑框架，透过空间了解粤港澳大湾区。

目录

第1章
湾区空间发展的时代背景与特征 / 001

1.1 时代背景 003
  1.1.1 全球发展新的战略空间 003
  1.1.2 国土空间规划的实施 003
  1.1.3 湾区的建设与发展 004
1.2 空间的发展 005
  1.2.1 物质空间与空间转向 005
  1.2.2 流动空间 008
  1.2.3 劳动空间分工 009
  1.2.4 空间的系统性与协同性 011
1.3 湾区的特征与内涵 013
  1.3.1 独特的地理环境 013
  1.3.2 城镇集群 014
  1.3.3 湾区经济 015

第2章
空间的多维属性及其存在形式 / 017

2.1 空间的多维性 019
  2.1.1 历时性与共时性 019
  2.1.2 自然性与社会性 020
  2.1.3 自组织与他组织 020
2.2 空间的外在表象与内部机制 021
  2.2.1 空间增殖与空间增值 021
  2.2.2 空间组织与社会变迁 022
  2.2.3 空间重构与经济动因 023
  2.2.4 空间限定与环境制约 023

2.3 直接或间接的空间交互作用　　　　　023
2.3.1 空间交互　　　　　024
2.3.2 交互界面　　　　　025

2.4 空间的测度　　　　　026
2.4.1 空间基础　　　　　026
2.4.2 空间计量　　　　　029

第3章
粤港澳大湾区的形成与空间格局 / 035

3.1 粤港澳的发展历程　　　　　037
3.1.1 中华人民共和国成立以前："穗澳港"依次发展　　　　　037
3.1.2 中华人民共和国成立到改革开放："粤港澳"彼此孤立　　　　　038
3.1.3 改革开放到港澳回归："粤港澳"前店后厂　　　　　039
3.1.4 港澳回归到粤港澳大湾区正式成立："粤港澳"深度合作　　　　　040

3.2 粤港澳大湾区的空间格局　　　　　042
3.2.1 空间区划　　　　　042
3.2.2 海湾岸线　　　　　044
3.2.3 大湾区与粤东、粤西、粤北　　　　　046

3.3 粤港澳大湾区的独特性　　　　　050
3.3.1 文化根基　　　　　050
3.3.2 "一国两制三区"　　　　　051

第4章
粤港澳大湾区国土空间资源与空间形态 / 055

4.1 空间的利用　　　　　057
4.1.1 空间类型　　　　　057
4.1.2 空间资源利用　　　　　058
4.1.3 空间资源分布　　　　　064

4.2 空间扩展特征   072

4.2.1 城镇空间的扩展态势   072
4.2.2 城镇空间的分形趋势   076
4.2.3 城镇空间的紧凑度差异   082

4.3 空间形态演变及影响因素   086

4.3.1 宏观的"分散—集聚—扩散"   086
4.3.2 中观的"蔓延—跨越"   089
4.3.3 微观的"增殖—演替"   092

第5章
粤港澳大湾区城镇空间联系与空间网络 / 095

5.1 空间关系的复杂适应性   097

5.1.1 空间相互作用   097
5.1.2 社会经济发展的时空差异   098
5.1.3 空间连通性的增强   103

5.2 空间节点与联系特征变化   107

5.2.1 引力矩阵设计   107
5.2.2 空间节点分析   110
5.2.3 空间联系状态   113

5.3 空间网络演变及内部组织解析   116

5.3.1 网络密度与中心性   116
5.3.2 "核心—边缘"结构分析   119
5.3.3 凝聚子群划分   122

第6章
粤港澳大湾区空间分工与空间结构发展特征 / 125

6.1 空间发展的差异与均衡   127

6.1.1 空间的层级结构   127
6.1.2 空间的专业化分工   129

6.1.3 空间分工的行为主体　　　131

6.2 空间类型的聚类分析　　　133
6.2.1 信息时代的空间类型识别　　　133
6.2.2 基于因子分析确定空间主导功能　　　135
6.2.3 基于聚类分析的空间类型　　　137

6.3 多重作用下的空间结构特征　　　141
6.3.1 基于产业价值链的空间关联　　　141
6.3.2 空间蔓延中的聚合　　　143
6.3.3 边界空间的逐步开发　　　145
6.3.4 海湾空间集聚效应显现　　　147

第7章
关于推进粤港澳大湾区空间协同的思考 / 151

7.1 从空间价值的占有到共享　　　153
7.1.1 "天人合一"的空间发展理念　　　153
7.1.2 扩大空间的开放性，建设多元化的空间体系　　　154
7.1.3 基础设施的共建共享，形成一体化的空间网络　　　155
7.1.4 重视智慧空间对价值共享的积极促进作用　　　156

7.2 空间的合理分工与协作　　　157
7.2.1 差异化发展与优化空间布局　　　157
7.2.2 重视形态多中心向功能多中心的转向　　　158
7.2.3 空间关联的动态化　　　159

7.3 海湾空间的整合　　　160
7.3.1 岸线空间的统一开发与治理　　　160
7.3.2 统筹大湾区文化与海陆经济发展　　　161
7.3.3 国际航运中心的建设　　　162

7.4 政策制度的引导　　　163
7.4.1 空间的功能性整合到制度性整合　　　164
7.4.2 加强空间治理，营造高质量发展环境　　　165
7.4.3 政策制度上移，从各自为政到共识发展　　　165

参考文献 / 167

第 1 章 | 湾区空间
发展的时代
背景与特征

21世纪以来，"时空压缩"正深刻影响着社会经济的发展，资本循环加速，新的空间秩序正在出现[1]。作为新背景下容纳各种要素及其要素之间复杂关系的"空间"，成为各学科领域关注的重点对象。对于地理空间而言，主要表现为持续增强的空间联系和不断扩大的空间差异所形成的统一对立的复杂变化特征[2]。一方面，全球化与地方化相互作用导致空间尺度重构，城市群区域在空间中形成不可分割的动态统一关系，具有多层次、开放性的特点[3]。另一方面，则是信息化和网络化作用下的空间秩序形成了不同空间尺度下的多样化特征，从而产生了新的空间形式[4]。区域或城镇的发展不再局限于某一固定尺度或方向，而是突破边界通过功能分工组织形成一体化、网络化的发展模式，并形成新的空间等级体系，以次国家级层面的空间单元参与全球竞争[5]。全球战略新空间、湾区的建设与发展、国土空间规划等问题成为当前的研究热点。

1.1 时代背景

1.1.1 全球发展新的战略空间

全球化和信息化趋势越发明显，学者们在东亚、欧洲、北美均观察到了全球化和信息化引起的地域组织模式以及社会经济活动方式的转变[6]，与此同时也伴随着地方保护主义，竞争不断加剧。在这个开创历史新纪元的特殊时期，需要从更高的空间尺度进行国家级发展规划，这意味着，在相应的时刻由国家来选择或建设某个特定的空间尺度，这种尺度上的重构体现出新时期的中国面向世界，促进发展，实现共同繁荣的愿景。随着城市群作为国家空间增长极的作用愈发凸显，逐渐发展成为国家参与全球发展的新战略空间，其建设将会是一个多元化的过程，也同样是一种"区域化"的过程，城市群区域的具体形式成了"国家空间选择"[7]。

2012年，中国社科院发布的《中国城市发展报告》指出，中国城镇化率突破50%关口。2014年，国务院颁布的《国家新型城镇化规划（2014—2020年）》指出，要从国家尺度进行国家级空间发展规划。2018年，中央发布的《中共中央、国务院关于建立更加有效的区域协调发展新机制的意见》指出，要构建以中心城市为引领，由城市群带动区域，推动区域之间互动与融合发展的新模式[8]。这些政策都在指向新时期的空间尺度重构上升到国家层面，区域一体化及网络化作为城市体系空间组织的趋势，及其在参与全球发展与社会经济发展过程中的重要作用已经形成广泛共识。空间各要素的组合与交互将会在其中扮演愈发重要的角色，不但城镇之间的联系会更加紧密，形成多极化、多层次的网络化城市群区域[9]；而且城市群本身将成为国家尺度空间组织的主要形态，构成社会发展的核心以及经济发展的引擎，其物质空间将围绕不同环境及功能来构建，由此获取更高层面的发展优势[10]。

粤港澳大湾区作为中国城市群的一个特殊地域，其地理环境、行政区划、社会经济发展都具有典型特征。党的十九大以后，粤港澳大湾区作为国家战略空间，其建设进入实质性阶段，在面向未来发展之际，有必要对粤港澳大湾区的发展演变进行一次全面而详细的研究。本书希望以这一新的战略空间作为切入点，了解国家引导的工业化走向以城镇化为基础的积累机制[11]，同时也揭示出不同尺度下活动机制的空间要素特征。

1.1.2 国土空间规划的实施

空间规划（Spatial Planning）最早在《欧洲空间规划章程（1983年）》中出现，其含义是文化、社会、经济、生态等政策在空间的呈现，是跨领域而成的综合规划，目的为整体空间的均衡发展[12]。空间规划通常会被赋予国家发展的蓝图作用，是协调各类开发建设、保护传承等活动的基本依据。自改革开放以来，中国的国土资源开发强度处于快速增长阶段，对于国土空间的利用存在着较多问题，因此无论是自上而下的体系安排，或是自下而上的开发利用，均需要按照一定的发展理念进行整体的规划与协调。当前，中国正在逐步建立起完整的国土空间规划体系，统筹国民经济和社会发展规划、主体功能区规划、土地利用规划，并与城乡规划有机融合，从而落实国家战略定位，并通过空间格局优化以及要素资源的科学配置，实现高质量国土空间发展。

2018年3月，中共中央印发《深化党和国家机构改革方案》，设立自然资源部，由此整合国家发改委的"主体功能区规划"职责、自然资源部的"土地利用规划"职责，以及住房和城乡建设部的"城乡规划管理"职责。2018年12月，中共中央、国务院发布《关于统一规划体系更好发挥国家发展规划战略导向作用的意见》，进一步明确国土空间规划在规划体系中的定位，构建以国家发展规划为引领、国土空间规划为基础、专项规划为支撑，在各级政府层面形成定位准确、权责清晰、功能互补、有序衔接的国家规划体系。2019年，中共中央、国务院公布《关于建立国土空间规划体系并监督实施的若干意见》，将"城乡规划、土地利用规划、主体功能区规划"整合为"国土空间规划"，从而实现多规合一，随后自然资源部印发了《关于全面开展国土空间规划工作的通知》。

总体来讲，国土空间规划是以资源的合理开发和有效利用为基础，通过对国土空间的全面部署，将资源管理与区域发展策略相结合，以国土空间规划应对区域发展的核心问题，强化了对土地资源综合开发的指引作用[13]，体现出协调性、科学性、战略性。以国土空间规划引领社会经济发展，是国家治理的一种重要方式，也是中国发展模式的重要体现。本书希望以此为基础，旨在提供一种研究方法，深入细致地表现出国土空间资源在多维层面的发展状态，实现在不同尺度上对国土空间的有效管控及科学治理。

1.1.3 湾区的建设与发展

湾区（Bay Area），是由一个或若干个海湾，且有一定陆域及岛屿所共同组成的独特地理空间，并由湾区经济作为表征，是海陆经济体在进化中形成的高级形态[14]。湾区通常汇聚全球一流的滨海城市，具有更强的开放性，是一种重要的滨海区域发展模式，亦是当今国际版图的突出亮点，得到了世界上大部分国家的认可。湾区作为学术研究对象开始于20世纪末，学者分别从经济、环境、健康等不同角度进行研究讨论。就湾区概念而言，部分学者从都市区或城市群的角度来界定[15]；也有学者从城市之间相互作用的关系角度来定义，认为湾区是面临同一海湾的城镇集群共同组成的具有功能互补特征的区域[16]。湾区凭借独特的地理环境和区位优势所形成的发展动力，成为世界经济发展的重要组成部分。据世界银行2018年的统计数据显示，全球约60%以上的经济总量集中在这一区域。其中最具有代表性的有纽约湾区、旧金山湾区和东京湾区，从各大湾区生产总值总额的国家占比来看，纽约湾区占比在10%以上，旧金山湾区为4%，而东京湾区则达到26%[17]。已有的研究通过不同方法对比了美国的纽约湾区、旧金山湾区，以及日本的东京湾区，并总结出"地理位置、宜居环境、科技创新、分工协作、交通体系"是形成湾区效应的决定因素[18]。

当前，中国也开始进行湾区建设，在港澳回归20周年之际，以泛珠江三角洲区域为基础，随着"十三五"规划的出台，在广东自贸试验区成立和《CEPA协议》深入实施的时期，着手打造粤港澳大湾区已经上升到国家发展战略层面。2017年，国家发改委与粤港澳三地在香港签署了《深化粤港澳合作 推进大湾区建设框架协议》，标志着粤港澳大湾区的正式成立。2018年，粤港澳大湾区的经济总量达到10万亿元人民币以上，相对于世界其他湾区来说，仅次于纽约湾区。总体而言，粤港澳大湾区具备明确的自然地理特征，同时具有城市群的内涵，在发展转型之际，区域内部各个城市已形成紧密联系、互为依托的复杂关系。如何通过国土空间的合理有序开发，引导大湾区的合作共赢，并逐渐发展成世界顶级的湾区，已经成为区域发展的重要任务。在这一重任面前，清晰地了解粤港澳大湾区发展演变尤为重要，这也成为本书研究的出发点。

1.2 空间的发展

"空间"一直是地理学研究的一个重点领域，以空间为主体的理论体系中包括空间本体论、空间与时间、空间与领域、空间与社会等议题[19]。"空间"除了所表现的物质性以外，同时具有人类的行为特征及社会制度。因此，在一定的区域中以人类聚集生活的空间作为一个集合体，是一种具有多元属性的存在，涵盖了多种学科，对于这类空间的研究与讨论需要一个界定，这种界定是政治、社会、经济和意识形态，以及来自这些因素所形成的研究范畴[20]。

1.2.1 物质空间与空间转向

空间（Space）概念是人类理性认识世界，在已有的感性经验基础上概括而成。先贤哲人根据自身所处的时代，在各自的研究领域上对空间都作出过具体的思考。

1. 物质空间理论

春秋时期，老子所著的《道德经》中就有关于空间的论述："埏埴以为器，当其无，有器之用。凿户牖以为室，当其无，有室之用。故有之以为利，无之以为用。"其中讲到了空间与围合、连接、划分得到的内容之物有关，正是由于内部的使用价值使得空间产生了意义。在西方哲学史上，希腊语中"Peras"被译为空间，含义是事物出现并存在的地方。亚里士多德（Aristotle）首先对空间概念进行了系统的论述，在研究已有空间观点的基础上，肯定了空间与物体的关系，但也提到空间与物体的分离，空间可被看作由物体包围的，并在《物理学》中表述空间为"船在河里，其中的水只是容器，而这条河才是空间，其原因在于整体上看河是静止的，由此空间是静止地包围着的最直接的界面"[21]。从公元前4世纪到公元17世纪，亚里士多德关于空间的界定处于支配地位，直到一系列物理学家对于空间研究的深入，这一现象才被打破。

近代对于空间的理解始于对古希腊空间观的认识与反思，经过了中世纪与文艺复兴时期，最终形成于艾萨克·牛顿（Isaac Newton）1687年出版的《自然哲学的数学原理》中。从哥白尼（Nikolaj Kopernik）和伽利略（Galileo Galilei）等科学家发现空间是无限开放的开始，勒内·笛卡尔（Rene Descartes）认为空间里充满了以太，牛顿（Isaac Newton）在1686年发表了万有引力定律，在此基础上定义了"绝对空间"和"相对空间"[22]。前者更接近于无限的、静止的、均质的以及三维的先验存在；后者则是被人所感知的，与物体共生且依附于物体存在[23]。与此同时，近代空间观所面对的更深层次的问题在于空间应怎么认知，空间的理解不再作为纯粹客体而脱离主体的认知。研究的代表人物包括：理性主义者的笛卡尔、戈特弗里德·威廉·莱布尼茨（Gottfried Wilhelm Leibniz）等；经验主义者的乔治·贝克莱（George Berkeley）、大卫·休谟（David Hume）等；以及理性主义者的伊曼努尔·康德（Immanuel Kant）。不同于主观与客观相分离的观点，康德的认知论哲学以主体认知客体为出发点，实现了唯理认知论和经验主义的结合。1781年，康德在《纯粹理性批判》中提到空间和时间不是具体的概念，而是"两种感性的直观形式"[24]。从古至今，对于空间的界定经历了由"本体论"到"认知论"的发展过程，空间概念也经历了由客观实体到抽象形式。在本体论阶段，从亚里士多德到牛顿，空间多被认为具有"无限性、广延性、三维性"的几何学特征，这种类型的空间常常作为空洞的、抽象的、静止的"容器"。在认知论阶段，尽管人的主观认知被重视，但认识论的空间观预设了主客体间的两元分立，导致了对于空间的思考陷入"虚无与实在、超验与经验、相对与绝对、心理与物理、感性与理性"的割裂状态。

对于地理学而言，20世纪初期的空间研究强调"地方"，对空间的理解依托于前面提到的物质空间，20世纪中期，空间研究开始由"地方"逐渐偏向于"区位"。虽然在物质空间层面结合了逻辑实证主义，但是空间的内在含义始终是以形式空间或几何空间为基础。这种排除其他因素的空间地理学研究，是以空间距离属性探求区域的发展规律，过多地关注于空间的自然性而忽略了空间的社会性，仍旧没有脱离自然科学的研究范式，也暴露出套用自然科学方法进行空间发展研究的不足。而这一时期关于空间分析的地理学研究被哈伯德（Hubbard）认为是广义的空间绝对论[25]。发展到20世纪后期，社会的内在矛盾不断引起政治变动，以及在经济上发达国家传统制造业的衰退、扩散，促使新兴服务业的分布差异，并产生出一系列的发展转型，由此带来空间问题凸显。这些特征引发了学者对"空间"的重新认识，"空间"概念的"社会转向"逐渐开始。

2. 空间转向

资本全球化形成了多样化的生产与消费，伴随着现代社会发展的激进与转型，促使学者对于空间有了更为复杂且系统的认知。诸多学科领域逐渐参与到空间的研究，"空间转向"成为20世纪后半叶西方学术界的主流话语，对空间研究作出贡献的学者中，涵盖历史学、社会学、地理学与建筑学，也包括人类学与哲学。其中，作为引领者的西方马克思主义者亨利·列斐伏尔（Henri Lefebvre），后现代思想家米歇尔·福柯（Michel Foucault）等学者，奠定了这一研究的基础。列斐伏尔在《空间与政治》一书中提出："资本主义社会中的土地、房产是空间的主要形式，通过资本与产业的普遍化、同质化，空间被分割成块进行交易"[26]。列斐伏尔意识到在全球化背景下空间的重要性，强调了社会性是现代空间的应有之义，即：社会空间是社会的产物[27]。借此，"空间转向（Spatial Turn）"被越来越多的后现代学者所重视：

（1）空间生产理论：列斐伏尔在《空间的生产（1974年）》一书中批评了近代空间观，并在马克思主义政治经济学的基础上提出了空间生产理论，预示着"空间转向"的开始。随着生产方式的转换，列斐伏尔意识到其实践活动必将导致空间的变换，空间中的生产结合空间的生产转变了空间在社会发展中被忽视的状态，揭开了空间研究的新领域。列斐伏尔对空间生产的定义具有理论和现实两方面的意义，理论意义上体现出"空间生产"包含空间中事物的生产和空间自身的生产。空间中事物的生产是社会发展的应有形式，一切生产实践活动都存在于特定的空间中；而空间自身的生产是列斐伏尔提出的，在《空间：社会产物和使用价值》中阐释了具体含义。他认为城市化的快速推进使得城市空间急剧膨胀，空间不断被改造附着更多的价值，这是生产力不断进步的表现；现实意义上揭示空间生产是资本主义发展过程中的一种特殊生产模式，物质空间与社会空间皆是其生产对象，变成当代发达工业社会的主导生产方式。

（2）空间权力论：米歇尔·福柯作为20世纪中后期著名的思想家，认为时空关系在人文社会科学中的发展具有显著差异，空间常常被隐匿。但是与列斐伏尔不同，福柯关注空间由谁生产出来，如何被组织用以操纵社会，以及在这个过程中"知识—空间—权力"发生了怎样的关联，并且根据知识谱系学得出，现代社会权力的规训和操控是通过空间来组织与实施的[28]。

（3）后现代空间理论：弗雷德里克·詹明信（Fredric Jameson）秉承马克思主义的生产方式、资本与阶级等总体性概念，并认为马克思所谈及的生产方式远不只是物质层面的生产问题，而且也是一种看待问题的辩证方式及思维方式，这种方式中包含着空间等多种异质成分。詹明信从资本积累出发将资本主义分为三个阶段，与之相对应也生产出三种不同的空间范式。第一阶段，资产阶级通过横征暴敛完成资本的原始积累，并通过贸易把国内外市场联系起来，形成资本主义市场；第二阶段，资本主义从自由竞争发展到垄断，以及最终形成海外殖民体系；第三阶段，随着资本的自由流动，在世界范围内形成了股票、期货等金融市场。从而形成了三种不同的空间范式：第一阶段，均匀的、同质的空间；第二阶段，具有政治经济和意识形态斗争的殖民空间；第三阶段，拟象的超空间，也称之为后现代空间[29]。

（4）时空压缩理论：大卫·哈维（David Harvey）将空间生产融入马克思主义政治经济学，在此基础上提出了"时空压缩"理论，形成了空间政治经济学。马克思主义认为在资本主义生产方式下的过剩危机是不可能消除的，各国政府为了缓解危机，一方面对空间进行频繁改造，主要表现在基础设施建设的大量投入；另一方面重构空间生产关系，主要是对外拓展市场。这种应对危机的处理方式，被哈维称为"时空修复"，包含两种含义，一种指整个资本的其中一部分在一个相对比较长的时期内以某种物质状态被固定于空间之中；另一种指通过空间扩张以及时间延缓来解决危机的特定方法[30]，并通过对资本积累的三次循环的研究，认为时空修复不能从根本上消除资本主义生产方式所形成的危机，只能暂时缓解。

（5）第三空间理论：爱德华·索亚（Edward W. Soja）主要关注后现代都市研究，他以空间生产理论为基础延伸了马克思主义思想，从空间本体论出发建立了自己的空间理论体系，并提出第三空间理论。索亚从富含空间思想的《政治经济学批判大纲》出发，试图在空间与社会之间建立更加敏感的社会空间辩证法。索亚首先对"空间"与"空间性"进行了区分，认为空间性是社会的产物，充当着社会生活的构建力量。1966年，索亚在《第三空间：去往洛杉矶和其他真实和想象地方的旅程》一文中提出了"第三空间"理论。第一空间指向物质空间，如：国家、地区、城市等。第二空间指向精神性、建构性和观念性，是构建者展开辩论的场域。空间的主观性与客观性，精神性与物质性，这样的二元认知随着解构主义、阐释学以及存在主义等思想的注入，模糊了第一空间和第二空间的界线，由此产生了第三空间，其指向前两种空间的解构与重构。正如索亚的解释：第三空间是最具洞察力的空间及空间性的思考方式[31]。

1.2.2 流动空间

1. 流动空间的提出

信息与通信技术的发展重构了现代社会的空间关系，全球数字网络的出现似乎正在终结地理的限制，致使有人提出诸如"距离的死亡"的论断。20世纪80年代，曼纽尔·卡斯特（Manuel Castells）基于信息技术对社会与空间的影响，提出了相对于"物质空间"的"流动空间"理论[32]。卡斯特基于马克思主义中的资本流动，认为时空压缩导致资本在世界范围内的自由流动加强，但削弱了国家的政治权利。同时，信息时代的社会关系逐渐以网络组织起来形成了"网络社会"，内部流通着各种"流"，例如资本、信息、技术等，并由此相互组织而构建。在此基础上卡斯特定义"流动空间"为通过流动而运行社会实践的物质组织，网络社会成为流动空间的组织形式。卡斯特在三个层次上分析了它的构成：一是电信圈层，指基于通信系统和信息技术的电子网络与技术产品，是流动空间的物质基础；二是主导性节点，是具有重要功能的地理空间，通常作为生产基地或交换中心；三是精英管理层，是流动空间的构想、发动、决策与执行者，通过空间组织使不同空间得以链接。其中，通信网络产生了空间的流动性和无边界性，但流动空间又依托于地方空间，要以特定的地方空间作为它的节点。因此，流动空间导致传统的地理距离被缩短，空间联系自由度得到极大的增强，核心与边缘的地理界限被打破，城镇的发展不再是一个固定且僵硬的物质空间方式，进而转变成相互作用的动态演化过程[33]。

根据"流动空间"理论，城市之间可以通过各种"流"联系在一起，形成一个网络体系，其中每个城市都是体系中的节点，并对"流"产生影响，但各城市对"流"的影响能力存在差异。同样，城镇空间的发展方式也会受信息技术影响，通过信息化的方式形成时空压缩，使城镇空间发展特征变得更加多样[34]。这种以信息流来改变空间的过程，即空间信息化，是一个以流动空间为支配的结构性组织，在具体形式上展现出一种不同的"城市—区域"关系。由此，空间网络借由人流、物流、信息流所承载的经济文化信息，实现以交通网、互联网为载体的全域覆盖。

2. 流动空间与地方空间

卡斯特认为空间相互作用的模式发生了巨大的改变，由"地方空间"正在迈向"流动空间"，这一趋势引起了学者对该领域的重视，并展开了关于空间网络复杂性的研究。随后，泰勒（Taylor）对中心地模式和网络化模式进行了对比分析，并认为两者中都具有地方和"流"的内涵，其区别在于中心地理论中的地方影响着"流"的状态，而网络模式中的"流"影响着地方的等级[35]。空间流的测定标准和方法多样，全球化与世界城市研究网络（Globalization and World Cities Research Network，GaWC）通过跨企业总部与分公司来分析城市间的"流"，并在该领域研究中取得了丰硕的成果[36]，其他学者也从人流、物流、交通流或信息流等方面对空间网络进行了实证研究[37]。与此同时，城市—区域的相关研究也从地方空间转向流动空间[20]，其中一些研究通过揭示区域网络的复杂关系，探索区域中的城市应该如何增强自身的综合竞争力[38]。研究通过城市网络组织形式，判断网络化产生的具体效应，以及与城市体系的相互关系[39]。这种对于大尺度空间区域的网络研究，通常是把一些特定的城市抽象为网络节点，城市之间的联系抽象为连接线。

从流动空间的发展进程上看，其本质不同于几何空间观的思维模式，它更注重从经验事物自身的运动结果出发，推断事物内在的网络关系。然而，它虽然被当作一种理论方法的创新引进到空间的研究中，但依旧需要依靠物质空间的支撑。比如，它能思辨地观察空间要素的相互关系，将每一个具体流动空间视为要素相互作用的一个环节，但它的内部要素依然要基于地方空间而存在。两者能够形成一个动态的平衡，在连续统一的场中，空间有它的状态和结构，场中之物是推动空间流动的主体，运动轨迹表现为场的内部网络机制。基于这种假设，流动空间表现的是以地方空间为基础的社会、经济、文化及其权力在生产组织中的相互作用[40]。

1.2.3 劳动空间分工

1. 从劳动分工到劳动空间分工

劳动分工（The Specialization of Labour）理论最早源于亚当·斯密（Adam Smith）提出的内生比较优势理论，也被称为绝对成本学说。其含义是通过劳动分工可以增加劳动者的专业化知识，提高劳动者的熟练程度，进而推动技术创新，提升劳动生产效率，形成经济报酬递增效应[41]。此后，李嘉图（David Ricardo）的比较优势学说，赫克歇尔（Heckscher）的要素禀赋理论，以及克鲁格曼（Krugman）的新国际贸易理论进一步推动了劳动分工理论的发展[42]。可以说，经济学看待事物的发展演化在于分工的不断加深，由此形成了以专业化的增进研究区域发展的思路[43]。

劳动分工在空间不断演化的内容与形式，促使劳动分工的社会、经济与政治意义凸显，成为经济学、地理学、国际贸易等学科重点研究的课题。地理学家在分工体系与生产关系上融合了空间组织，将空间引入劳动分工，劳动空间分工理论就此形成。随着社会经济的不断发展，劳动分工的内容和形式也发生了重大变化，大致分为三个阶段，即"产业间分工—产业内分工—产品内分工"。伴随着劳动分工不断深入到产品生产的价值链环节，生产活动开始沿着价值链不断细化，依据利润的高低，在空间中形成再配置，引起企业空间组织的变化，进而深刻地影响了城市体系的发展。劳动空间分工（Spatial Division of Labour）最早由朵琳·麦茜（D. Massey）在1979年提出，她认为社会结构形态和地方经济有着很大程度上的关联，并建构了劳动空间分工框架"产业—生产—空间—社会—阶级"，并认为劳动空间分工是生产关系在空间上的反应[44]。麦茜的理论引起了大量的关注，科恩（Cohen）根据全球化背景下的企业组织变化特征，提出了新国际劳动分工；斯科特（Scott）在劳动空间分工理论中引入交易成本，经过分析企业在生产组织过程中的结合与分离，得出生产组织的区位原则，提出了空间成本的概念[45]；迪肯（Dicken）认为在新国际劳动分工基础上的全球分工格局呈现出了明显的空间差异，并在已有研究的基础上提出了"全球转移"。

从劳动分工理论发展到劳动空间分工理论，不但推动了企业空间组织、产业集群、城市体系等研究的发展，而且作为基础理论促进了全球生产网络、全球价值链等新经济地理学研究框架的形成[46]。劳动空间分工理论的出现将生产空间组织与社会空间结构紧密地联系在一起，形成了新的空间研究机理，对生产空间组织的社会现象具有着非常强的解释力。

2. 劳动空间分工理论的空间发展模式

"分工—专业化—集聚经济（不经济）—空间集聚（扩散）"，是劳动空间分工理论与实证的主要脉络。亚当·斯密在绝对成本学说中就提到，空间集聚不但可以减少成本费用，而且能够促进市场规模的扩大，进一步深化劳动分工水平，从而可以提高劳动生产效率。阿尔弗雷德·马歇尔（Alfred Marshall）认为专业化的空间集聚带来巨大的外部经济，并产生了共享劳动力市场、专业化中间产品以及知识溢出效应等空间集聚后的报酬递增机制。在劳动空间分工理论中，随着劳动分工的不断深化，生产组织的运行产生更加复杂的专业化环节，然而交易成本会对分工的经济性产生巨大的障碍，为了解决这一问题，基于一定的合作机制促进产业组织在空间中的集聚能够有效地缓解这一矛盾。

空间发展的集聚模式可以扩大市场规模，形成专业化生产的空间特征、空间特征的强化和市场容量的扩大，由此形成经济规模效应的同时，可以有效地推动新技术的产生及应用。空间集聚不仅有利于降低分工不断深化而带来的交易成本，也能够形成生产组织的空间网络效应。但随着空间集聚程度的不断增加，规模不断扩大，集聚经济将会产生，从而空间扩散将会有选择地出现。可以说，空间集聚与空间扩散模式是一个动态变化的，彼此相对的概念，随着劳动分工内容与分工形式的改变，空间发展模式的内容也会随之不断变化。从劳动空间分工来看，伴随着分工层次从产业到产品，生产组织产生了一定的空间集聚与扩散。随着产业结构的变化与调整，传统产业与现代产业的空间分离，如劳动密集型产业、资本密集型产业或者技术密集型产业的分化使空间产生了相对应的变化[47]。这种集聚与扩散通常是相对的，在促进空间分工不断加深的情形下，延续到交易、售后、研发等生产性服务业方面[48]，又产生了空间在"扩散中的集聚"，产业类型的不同引起了空间发展模式的差异[49]。在一定的区域范围内，这种基于产业组织与产品生产环节的空间扩散与集聚也非常明显，研发与金融等高端生产性服务业汇集在核心区，高新技术产业逐渐集聚在核心区周边，而传统制造业则逐渐被迁移到区域外围，形成基于"核心—次级核心—开发区—边缘"的区域分层体系。

总体而言，劳动空间分工理论阐释了生产组织的空间集聚与扩散，劳动分工不但重组了生产网络，也重塑了作为要素承载的空间结构，极大地影响了城市体系、城市智能等方面。

1.2.4 空间的系统性与协同性

空间作为一个巨系统，在自然环境、社会经济等各种要素的相互作用下，空间的变化过程呈现出复杂的特性。就空间的系统性与协同性而言，空间包含大量的子系统，一定作用下的子系统会相互影响，促使空间系统具备一种自组织结构，形成了功能上互补、产生协同性的有序结构。因此，空间的系统性与协同性能够为揭示粤港澳大湾区发展演变过程中的诸多问题提供有力支撑。系统论作为研究的基础理论，首先，强调各个空间要素之间的相互关系，包括要素间的依存和制约，基于这一关系构成的有机整体，其中某一要素的变化，都会对空间整体产生影响，这正是空间发展演变的本质所在。其次，系统论的中性立场使本书能够适用空间作为研究的视角。同时，协同理论体现出空间是各种要素在特定条件下的相互耦合，是要素综合作用后的互补结果，作为一个复杂的演变过程，协同共处是发展得以延续的关键[50]。

1. 系统性

系统论（System Theory）最早由生物学家路德维希·冯·贝塔朗菲（Ludwing Von Bertalanffy）在20世纪初提出，其定义为：与环境产生联系的具有一定结构和层次的要素聚合体[51]，用以揭示事物的客观本质与内在运动规律。以系统论作为主要研究方法，最初源于自然科学对机械、物理、生物等学科的研究，从能量的交换、系统的平衡，生物与环境的相互影响形成有机体，生命演化的复杂过程等角度，提出自然与科学的系统论观点[52]。随着系统论研究的深入，逐渐从自然科学延伸至社会科学领域，将系统思考作为跨越一门单独学科和派系的一种整体思考方式。因此，空间的系统性可以认为是空间内部要素的组织规则，根据这一规则各个空间要素有序连接，并形成一个大的系统[53]。其中，空间相互作用是指要素之间的相互关系，空间要素的利用与活动组织的形式相结合，进而形成功能各异的实体。伯恩

（Bourne）从系统论的角度出发定义城市空间为：城市空间是空间相互作用后的空间形态，是各要素的空间分布模式，包括了社会群体、经济活动、物质设施与公共机构等[54]。

系统论的三个基本观点在粤港澳大湾区发展演变研究中具有重要意义：其一，系统观点。一切有机体具有系统性，反映在粤港澳大湾区这一大尺度范围的研究上，可以表现出空间的整体性。其二，动态观点。这说明了发展演变现象本身的活动状态是一个开放性的系统，可以从空间要素的相互作用中说明粤港澳大湾区动态变化的现象。其三，等级观点。各类有机体都具有一定的组织特征，而粤港澳大湾区的空间体系同样具有这一特征。可以说，通过系统论的观点，传统的物质空间，由人类实践活动所形成的社会空间，以及信息化所引起的流动空间相互交织，极大地拓展了研究对粤港澳大湾区的认识和理解。

2．协同性

协同论（Synergetics）起源于20世纪70年代，最早由哈肯（H. Hake）提出。协同论关注于非平衡态的开放系统，在有外界能量或物质交换的情况下，如何通过内部有机作用，自发地形成系统上的有序结构[55]。协同论是基于理论物理学而提出的自组织理论，对非平衡态的复杂系统进行研究。一个复杂系统的组成要素如果各自独立，互不合作，整体的表象必定是无序的。相反，如果复杂系统的组成要素相互作用，协同行动，就能够形成系统的整体效应。协同论作为分析系统应对复杂性问题的主要理论，在社会学、地理学以及城乡规划学等专业方向被广泛应用。

本书运用协同论为研究粤港澳大湾区的复杂性问题提供了有效的思维方法，为探究空间系统的内在结构与组织秩序提供了必要的支撑基础。其主要内容可以概括为三个方面：第一，协同效应。自然系统与社会系统在复杂开放系统中的整体效应，存在着一定的协同作用，是粤港澳大湾区空间系统形成有序结构的内驱力。第二，支配原理。强调了系统内部发展过程中的支配性要素，当系统接近不稳定时，作为序参量主导着系统的发展演变，这一原理为粤港澳大湾区发展演变研究的关键要素提取指明了方向。第三，自组织原理。强调系统内部各子系统按照某种规则自动形成的组织结构，具有内生性的特点。自组织原理可在一定程度上解释粤港澳大湾区在一定的物质与能量的交换下，所形成的交互作用[56]。

按照系统论及协同论的原理，粤港澳大湾区本身就是一个复杂有序的巨系统。首先，粤港澳大湾区存在着一个空间体系，它由多个不同尺度的空间组成，每个空间又包含社会、经济和环境等要素，而每个要素内部又包括多个次级要素，因而在粤港澳大湾区内部表现出非线性的特征。其次，粤港澳大湾区的开放性，促进系统接收各种信息，进行物质与能量的交换。最后，粤港澳大湾区在不断地发展演变中并非平衡态，区域合作中又存在竞争。要实现系统利益最大化，真正实现区域的协同发展效应，就需要从各要素入手，找准序参量，再借助自组织原理，系统地分析粤港澳大湾区的空间协同效应。可以这样理解，粤港澳大湾区的发展演变是多个空间子系统整体协同组织的结果，受空间组织结构内在动力机制的影响。空间系统要想实现自我完善和发展，良性的他组织与自组织是达到这一目的的根本途径。

1.3 湾区的特征与内涵

空间有着广阔的范围，但本书的地理空间指的是人类活动频繁发生的区域，是人地关系最为复杂、紧密的区域。在地理信息系统中，地理空间被定义为绝对空间和相对空间两种形式。绝对空间是具有位置描述的集合，由一系列位置的空间标志组成；相对空间是具有属性特征的集合，由不同的空间关系构成。

湾区，作为一个地理名词，是由海湾、岸线、邻近陆地与岛屿所共同组成的区域，在特定意义上指围绕在海湾沿岸分布的港口群和城镇群。作为新时代发展聚焦的核心，具有更深刻的社会经济内涵，具有不可替代性。首先，海陆一体化是目前最重要的发展引擎，海陆经济体具有独特文化，并逐渐成为世界创新中心，而湾区则是海洋和陆地的最佳结合体。其次，湾区由于共享海湾而形成特殊的地理空间，由此产生了湾区经济，成为被广泛认可的一种开放度高、环境优质的发展模式。最后，湾区汇集的港口群，是连接全球的网络枢纽[57, 58]。毫无疑问，湾区特有的地理环境以及在此基础上产生的经济效应，使得湾区在全球发展中占有举足轻重的地位。目前，全世界存在着众多的湾区，其中纽约湾区、旧金山湾区和东京湾区是被世界公认的顶级湾区。三大湾区不但拥有优质的生态环境、便捷的交通联系，而且具有开放的社会经济系统、先进的产业结构，以及由此带来的集聚与扩散作用等。

1.3.1 独特的地理环境

湾区地理环境特征显著，由一面开放的内环型陆地包裹着一片共享水域，其中的岸线、海滩、海峡、海岛、礁石及河口等汇集在海陆交界地带，形成独特的地形地貌特征，是海陆生态系统相互作用的集中体现。这种海陆共生的自然生态系统形成了优质的宜居环境，被视为吸引高端人才的主要动因，因而湾区在发展中需要在很大程度上形成对自然环境的保护，并出台引导性规划方案，从空间利用、土地开发、交通联系等方面协调产业发展和环境保护之间的关系。同时，湾区的形成对提升城市形象，推动社会经济发展有着重要意义。通常来说，每个顶级湾区都会成为其所在地区的重要名片，是这一区域的标志。从纽约湾到旧金山湾，再到北部湾……其城市的张力均由湾区开始，影响力辐射全球，成为世界经济发展的重要增长极。

在地理空间上，湾区由海洋和陆地两部分构成，海岸地区作为桥梁衔接海洋和陆地，是影响空间分布与发展的重要地带。因此，长岸线、避风港、广腹地等湾区所独有的地理环境特征，对于建设大型港口非常有利，能够在一个集中的空间内形成港口群，成为海陆联系的重要枢纽[59]。与此同时，湾区的地理环境特征具有天然的开放属性，极易形成外向型经济，导致其拥有多元的人口结构与文化特征。例如：旧金山湾区位于美国西海岸，是萨克拉门托河（Sacramento River）的出海口，海湾水域宽广且深，四周被群山环绕，形成狭长的山谷地带，湾区通过萨克拉门托河谷和圣华金河谷向东连接加州的广阔腹地。独特的地理环境特征成就了美国排名前三的宜居地区，旧金山湾区充分利用这种独特环境汇集起各种创新要素，形成了著名的硅谷，并集聚众多风险基金公司和风险投资公司，形成了高科技孵化的最佳场所，成就了Intel（英特尔）、Apple（苹果）、Yahoo（雅虎）等一系列世界著名科技公司，成为全球性的创新中心，以及美国西部金融和商贸中心，素有"科技之城"的美誉。相对于旧金山湾区，纽约湾区位于美国东海岸，哈德逊河（Hudson River）的入海口处。该海湾拥有1600多km的海岸线，水域宽广，平均深度超过30m，是天然的深水良港，可通过伊利运河（Erie Canal）连接到内陆五大湖区，具备完善的交通设施及美国最为发达的交通网络。在过去相当长的一段时间里，纽约湾区是欧洲进入北美地区的门户，成为欧美之间最重要的联系枢纽。这些条件不仅确立了纽约湾区在国际交往、金融贸易等方面的核心地位，也拓宽了深入北美内陆的交通联系，成为持续增长的发展动力。除了上述两大湾区，日本东京湾区相较于前两者虽然面积较小，但海湾内有多摩川、江户川、鹤见川、荒川等多条河流汇入，水域面积非常宽阔，同时拥有平坦的陆域，形成了紧凑的海陆空间布局形态，促进了分工协作的港口群带动产业发展。沿着海湾，以东京为核心向东沿海岸形成京叶工业带，向西沿海岸形成京滨工业带，两条工业带与核心区的总部、金融、研发等高端服务功能紧密互动，形成了世界著名的"产业湾区"。

可以说，在湾区独特的地理环境下，优越的地理位置、宜人的居住条件、有利的海陆交通、合理的分工协作致使湾区同时具备发达的国际交往能力、高效的资源配置网络、开放的经济结构体系、强大的集聚与外溢效应，多种因素相结合让湾区拥有了巨大的发展优势，使其在当前全球的经济版图中起着独特而不可替代的作用。

1.3.2 城镇集群

湾区在拥有独特的地理环境特征的同时，其共享水城在一定范围内形成相对较长的圆形海岸线，使得环海湾区域产生一种强大的向心力，在这种向心力的作用下形成城镇集群地带，并推动城镇和海湾的不断融合。因此，有众多学者认为，湾区在空间上是一个依托海湾，由密集的城镇所组合而成的区域，拥有强大的港口群和高效的交通网络，各类空间要素相互交织，形成系统的组织结构[15]。诸如上面所提到的旧金山湾区、纽约湾区以及东京湾区，均是围绕海湾形成了规模不等的城镇集群。

（1）旧金山湾区位于美国加利福利亚州的北部西海岸，在湾区管理委员会编制的《旧金山湾区规划2040》中，湾区范围涵盖了旧金山、圣马特奥、圣克拉拉、康特拉科斯塔、阿拉梅达、纳帕、马林、索拉诺、索诺马9个县市，形成了包含旧金山、圣何塞、奥克兰三座城市109个居民点的巨大区域。旧金山湾区的面积2.93km²，以旧金山、圣何塞、奥克兰为核心城市，互相之间形成了合理的分工与合作。目前，旧金山湾区约765万人，大部分集中在半岛地区和南湾区域，形成了以旧金山、圣何塞、奥克兰为代表的人口聚集区。

（2）纽约湾区在地理概念上是纽约大都会区，位于美国东北部大西洋沿岸平原，包括纽约、长岛以及哈德逊河中下游河谷地区，涵盖了新泽西州中的纽瓦克、泽西，康涅狄格州的哈特福德、布里奇波特等城市，以及宾夕法尼亚州的东北五县。美国管理和预算办公室对纽约湾区的定义大致为：联合统计区（CSA）或大都会统计区（MSA），包含5个州、35个县。可以看到，纽约湾区是北起波士顿，南至华盛顿，由纽约、纽瓦克、新泽西、费城、巴尔的摩等一系列规模不等的城市所组成的城镇集群地带，湾区的总面积也超过了3万km²。目前的人口已达2369万人，是美国人口最为密集的地区，其中纽约的曼哈顿岛达到了2.58万人/km²。

（3）东京湾区位于日本房总半岛和三浦半岛地区，是日本最大的工业型城镇集群和金融中心、商贸中心、交通中心。湾区由一都三县组成，分别为东京都、埼玉县、千叶县、神奈川县，并由此形成以关东平原为腹地的城镇密集区，产生了京滨、京叶两大产业聚集带和聚集区。东京湾区由6个政令市、25个郡级单位和117个普通市组成。政令市可对应于国内经济特区，具体有埼玉、千叶、川崎、横滨、模原、八王子。东京湾区面积1.34万km²，根据日本内阁府的统计数据，目前北部湾约有3629万人，人口密度以东京都为中心由内向外逐渐减少，呈圈层式分布。

1.3.3 湾区经济

"湾区经济"一词源于学者对旧金山湾区发展模式的探讨，包含港口、资本、政策、人口、科技等要素对经济发展的影响。国内的湾区研究始于吴家玮对旧金山湾区的研究，认为湾区的形成需要具备超级港口，并且是所在区域的交通枢纽与创新高地，并拥有发达的金融功能[60]。有学者从区域经济与行政管辖两个层面定义湾区，提出湾区是具有生产要素集聚力的沿海经济区域[61]，并通过对世界典型湾区经济的分析研究，归纳出湾区经济发展的四个时期：港口经济、工业经济、服务经济以及创新经济[62]。

早期研究认为，在湾区特定地理空间所衍生的区域经济效应形成了湾区经济，但越来越多的学者开始关注湾区经济产生的本质，关注湾区外在地理环境特征下经济发展的内在规律，并总结出，湾区经济是以自然地理环境为依托，在港口经济的基础上，由城镇群根据海湾地理因素相互融合聚变而成的，拥有独特的湾区经济形态和较大的国际影响力。湾区经济具有高度开放的经济结构，是社会、经济、环境等资源在生产生活中的优化。开放性、创新性、宜居性、网络性、国际化以及功能互补是湾区经济的主要特点[16]。有学者将湾区经济的发展动力总结为基础性动力、内生性动力和外源性动力三个方面[63]。湾区的基础条件决定了最初的要素集聚度和吸引程度；内生动力是湾区基于市场力量所形成的自发性机制，对科技与创新要素具有显著的吸引力，也是决定了湾区发展的本质力量；外源性动力则是在外界促动与协助下形成的，例如政府的调控或规划的引导，以及加强各类基础设施建设，并由此形成的劳动分工、集聚效应等。湾区经济之所以能够发展成为全球经济的核心，与数百年来国际经济贸易的海洋化有着密切的关系。大航海时代的世界经济贸易模式发生了巨大的变化，海洋贸易得到了广泛的利用，一些重要的港口码头汇集在自然条件较好的海湾，并据此发展出仓储业、物流业、制造业、商业、旅游业等多样化的产业链，形成特有的湾区经济发展格局，不但形成了完整的海陆经济体，而且具备发达的港口经济。

1. 海陆经济体

20世纪中后期，联合国教科文组织（United Nations Educational, Scientificand Cultural Organization，UNESCO）以及国际科学联合会理事会（International Council for Science，ICSU）分别成立了"政府间海洋学委员会（Intergovernmental Oceanographic Commission，IOC）"和"海洋研究科学委员会（Scientific Committee on Oceanic Research，SCOR）"，在这些专业性组织的引导下海洋研究的国际合作逐渐展开。随后，法国成立了海洋开发研究中心，并首先提出了向海洋进军的口号，其他国家也相继开始制定开发和利用海洋的科学计划[58, 64]。1999年，美国实施"国家海洋经济计划（National Ocean Economics Program，NOEP）"，其中对美国的涉海经济进行了划分，分别为海洋经济和海岸带经济两大类。而"海岸带经济"这一类型的含义更贴近"湾区经济"，作为一个区域概念，不但包括海洋经济活动，也涵盖大量非海洋经济活动[65]。湾区经济的学术研究多集中于对旧金山、纽约以及东京等湾区的经济研究文献。学者们从湾区经济概念的提出开始，逐渐深入地对海陆经济体系进行了全面系统的分析，越来越重视海陆关系对于社会经济等多方面的影响，逐步认识到海陆互动的重要性，进而提出了"海陆经济一体化"原则，这个原则也适用于海洋发展和沿海地区开发建设。由此可以定义"海陆经济体"是根据海洋与陆域间的生态与生产联系机制，在临海产业的联系作用下，合理配置沿岸的空间使用，加强海陆联系并协调海陆的功能分工，是实现海陆开发综合效益的一种有效发展模式。

2. 港口经济

海湾具有避风、岸线长、腹地广等特点，作为海陆的交汇区域，是社会经济活动最为频繁的地带，优良的地理条件使得在这个集中的空间内形成港口群，发展成为陆海联系的重要节点。而港口在湾区发展中具有非常重要的作用，发挥着交通枢纽与经济辐射的作用。因此，"湾区经济"也被看作"港口经济"的延伸所形成的独特经济形态。国际一流湾区都具备这种港口群的节点优势，形成与国内外市场相连接的重要枢纽和参与全球经济的桥头堡。纽约湾便是一个典型的海港汇集区，湾区充分利用优良的海湾资源，建设了诸如纽约港、新泽西港、纽瓦克港等重要港口群，形成了200多条水运航线的同时，带动了3个现代化空港，并在此基础上拥有14条铁路运输线以及稠密的公路网。这些便利的基础设施将纽约湾区的腹地延伸至中西部，使得港口的货运总量占到美国北大西洋货运市场运输量的半数以上，将美国中部产品通过湾区港口销售到全球，从而带动了纽约湾区的制造、贸易和金融等产业的共同发展。

综合而言，湾区拥有独特的自然地理环境，依托共享海湾在一定的区域范围内所形成的城镇群与港口群，使得海湾周边的区域产生一种巨大的向心力，可以形成协同效应推动海陆经济的融合发展。但需要强调的是，在此基础上还要有社会属性的内涵，即包括生产与生活的依存以及融合的社会关系网络等。

第 2 章　｜　空间的多维属性及其存在形式

"时空压缩"背景下，城镇化正在营造一种新空间秩序，空间扩展进一步向区域化、网络化的方向发展。同时，"空间"作为城市地理学的核心研究议题，随着社会发展所经历的变革，其内涵亦不断演进[66, 67]。特别是作为城乡规划、经济地理和人文地理学研究的对象，是认识社会经济发展的基本出发点，其理论建构的过程便始终围绕着空间这一核心来进行[68]。粤港澳大湾区作为国家新的战略空间，既是一个城市群又趋向于高度一体化发展的湾区，具有复杂的地理环境特征与社会网络关系。可以说，"空间"作为各种要素抽象后的存在，是研究粤港澳大湾区发展演变的最佳出发点。进而在此基础上本章节期望对空间的相关理论进行梳理，通过在空间地理属性认知的基础上，明确空间转向的结果是对于社会性的表达，前者提供了一种物质空间的理解，后者关注于空间问题起源和社会发展状况，以此形成一种相呼应的多维思想之间的脉络关系，并由此构建起研究的逻辑框架。

　　粤港澳大湾区作为一个开放的复杂巨系统，拥有显著的地理环境特征，其发展演变受到社会、经济、自然以及突发因素的影响，具有阶段性、间断性甚至跳跃性的特点。在全球化与信息化的背景下，要素在空间中的流动不断加速，且要素的相互作用引发了一系列地理格局与社会经济的变动，行政空间边界被日益频繁的要素流动打破，跨界活动使得空间边界不断模糊[69]。一方面，通过基础设施和信息技术使空间在各方获取到自身的利益，以及社会经济活动的尺度重构让空间的外延和内涵发生了重大转变；另一方面，各类要素在地理上的集中和分散改变了区域的空间组织，形成更为复杂的空间关系，核心区与边缘区的相互支撑不断强化。功能单元间不仅限于城市内部，而是在城际间形成系统化的功能互补，并由此催生了区域基础设施建设，而区域设施的共建共享更进一步促进区域一体化的不断加深[70]。

　　"空间"作为众多学科的核心论题，在空间转向背景下，研究所关注的内容日益复杂。与将空间看作地理过程的平台或将空间看作接纳社会经济活动的容器相比，本书则同时强调空间的过程性与动态性，认为空间不仅是社会建构的，它自身也是参与社会建构的根本。因此，研究中的"空间"不仅是地理事物，或者被人类社会经济活动充填的地表，同时也包含了人类活动所形成的空间属性，以"空间"为视角，可以为研究粤港澳大湾区提供更深刻的洞察力和解释力。与此同时，"空间"作为手段，贯穿于国家的工业化与城镇化，并以此为基础形成了不断积累的过程，如果要理解中国正在发生的城镇变革，就需要检验城镇空间的角色[11]。按照这一观点，"空间"作为研究的切入点，是揭示粤港澳大湾区外在表象和内在机制的核心要素，这也是本书思考和确立以"空间"作为视角，进行系统研究的前提和根据。

2.1 空间的多维性

由于粤港澳大湾区自身的复杂性，研究有可能是一个无解或者多解的过程，不同目的、不同社会时期、不同学科方法也会导致研究走向多种类型的结果。论文《城市及其区域》中认为城市-区域蕴含的复杂巨系统具有紧密的层次和组织，系统的发展是各种要素的综合作用。系统的动态性决定了不同层级的状态，促使各子系统跨越边界进行能量与物质的交换，这种相互作用交互状态形成了系统的复杂性、过程性和非均衡性[71]。根据前文理论分析，空间所具有的历时性与共时性、自然性与社会性、自组织与他组织等多维性特征，也成为研究粤港澳大湾区这一复杂巨系统的最好缘由（图2-1）。

2.1.1 历时性与共时性

"空间"的历时性与共时性决定了空间本身是一种丰富的存在形式，并非只是一种中性背景。因此，不能简单地将空间看作一个用于表达历史进程和社会经济动态的媒介，空间本身也是参与城镇化进程的重要因素[72]。人类活动的空间尺度、空间内涵在这一条件下发生了重大转变，产生了新型空间形式，引发了一系列新旧空间的分化与差异。反过来，这些转

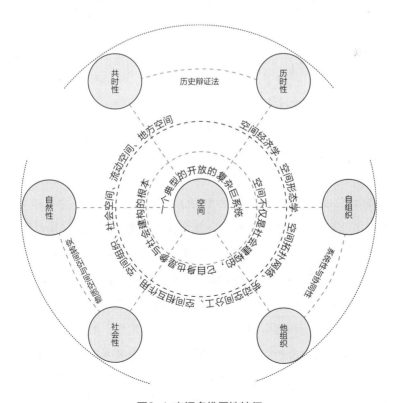

图2-1 空间多维属性特征

变也要求我们重新解释和制定相应的理论框架，以适应这些新的空间变化，尽可能实现发展潜能的最大化。由于空间的历时性与共时性特征，研究不但需要注重某一横断面上城镇化发展阶段的共时态空间格局与发展特征，也需要关注城镇化发展、演变过程中不同阶段的历时性影响因素。进而透过复杂的空间表象，去发掘、探索空间内在的演变规律、发展脉络，以及物质要素背后所呈现的社会、政治、经济、科技、文化等内在动因。

2.1.2 自然性与社会性

"空间"的认知由自然性转向社会性，在这一过程中充满了对于空间的自然属性和社会属性的科学辩证，自然环境亦被置于与人类相等的认识论地位。列斐伏尔认为空间中存在着各种方式的社会关系，这种关系投射进空间并生产出不同的存在方式，这种社会关系在空间生产的同时也在生产空间。空间理论从关注空间中的存在转向空间的生产，决定了任何一个社会以及任何一种生产方式都会生产出自身的空间，这也决定了"自然—社会"之间是一个连续体[73]。同时，空间的自然和社会特征区分也不是确定无疑的，科学在改变人类生存空间的同时，也在重塑着自然与社会。更为重要的是，空间视角下的"城市—区域"研究不仅可以消解社会和自然的二元性，还可以避免研究中以社会看自然，或以自然看社会的偏向，有助于辩证地看待主观与客观、属性空间与物质空间，有机地统一空间的自然性与社会性，拓展对空间的理解。本书研究用空间来解除自然与社会的相互分割，并以空间交互影响来联结不同属性空间，从而实现把不同要素有机地联系起来，由此可以提供一个综合有效的研究视角和方法。

2.1.3 自组织与他组织

空间作为城镇化的核心组成部分，以自身独特的多维度特征表达了多样的地理特征和社会特征。空间理论的发展避免了机械的"自然—社会"分立，用空间作为桥梁连接了人类活动的各种组织过程，由此形成的空间组织是一个在自然环境、社会经济条件中不断变化的形式，并同时遭受着来自内部和外部的两种作用，产生自组织与他组织相互作用的实践活动。本书尝试借用这一理论讨论空间关系的组织：一方面，空间是历史进程中不同行动者主体的社会实践塑造，形成了具体空间形式及其内容、结构及其功能，是系统内的自我组织结构；另一方面，在不同的生产活动当中，制度管理、科学技术对空间生产产生了重要影响，空间生产连接具体的组织关系，受到政治、权力与资本的支配。在这一框架下，城镇化作为一种空间发展演化过程，包括自下而上的"自组织"与自上而下的"他组织"。粤港澳大湾区发展演变便是这种有机"自组织"和制度下"他组织"双重参与的结果，并形成了复杂多维的空间递嬗。通过分析空间组织特征可以厘清各要素的相互关系，包括空间的扩展动力、组织结构、发展模式等，表现出从微观尺度空间肌理到宏观尺度空间运动的组织关系。

2.2 空间的外在表象与内部机制

"外在表象"与"内部机制"是空间发展演化的两大特征,与要素在空间中的相互作用密切相关,空间作为这一过程的交互界面,任何阶段的发展都有相应的空间映射。其中,空间演进的外在表象是自然与人文的复合形态,其环境、社会、经济等各方面都存在着紧密关联,并相互作用形成内部机制,任何一个要素的改变,都会引起整体空间的变化,空间的这一直观变化可以引入内部机制进行解释。粤港澳大湾区作为研究主体,是构成各种要素实体或社会关系的总和,是人类生产生活的载体[74]。其演变的内部机制是系统发展基础上要素的相互作用关系,作为一种联结机制存在于空间作用中,为揭示区域内空间网络联系与功能结构提供了可能。同时,使得研究不再停留于静态的空间特征描述层面,对要素流的动态测度也成为研究的重要手段[75]。研究经由空间的外在表象到内部机制,是希望深入分析发现空间递嬗背后的外延与内涵,以便于更好地理解空间发展的协同程度(图2-2)。

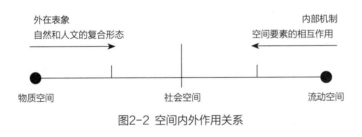

图2-2 空间内外作用关系

空间的外在表象和内部机制的变化涉及社会、经济、环境、技术和公共政策等多种因素,如中心商务区的形成以及人口、产业的郊区化等,由此产生一系列的功能性空间来组成更大尺度的空间,提升区域的整体竞争力。其中,核心空间占据优势区位,各功能空间不断集散,共同组成空间发展的引擎。同时,空间的发展也面临着严峻的资源、环境和生态等因素考验。随着要素的变革,空间也会产生不同的变化,如物质短缺向物质过剩转型,与此对应的生产型空间需要转向消费型空间;分配福利制度向按劳分配的制度转型,决定了单一的、均质的空间向分层的、极化的空间转变;经济投资主体的多样化,使空间重组的动力机制发生转变,也重新定位了空间归属,促进了空间的体系化。这些影响因素的变化都是区域发展演化的动因,各类因素与空间形成互动作用,因此外在表象与内部机制的研究对空间的分析显得尤其重要。

2.2.1 空间增殖与空间增值

空间增殖的本质是空间城镇化,以空间生产为逻辑的空间发展,是借由资本的积累而改变空间发展的深度与广度。进而时空效应大幅度地拓展了空间规模并增强了空间联系，促使城市群区域在其作用下不断扩展空间的价值。根据城镇化进展，不同类型层级的空间正是通过价值辐射发挥空间溢出效应，空间溢出传递的特点具有与价值溢出相似的过程。由此导致城镇化程度依靠要素投入的质量和数量，而且被各种要素的配置效率所影响。基于价值链进行配置的空间要素产生了辐射和扩散作用，是空间溢出效应的根源，空间生产模式则是构建空间演化过程的基础。粤港澳大湾区在空间价值链不断重组和整合的过程中发展演化，空间的功能定位、等级划分、地理区位变迁等内在原因是空间生产导致价值链重组的体现。与此同时，空间为提高自身竞争力而专注于价值高的生产活动，在提高空间价值的过程中采取各种社会经济行为，不仅实现了空间价值的强化，也不断地形成了空间自身的增值。可以说，某种程度上的空间演化本质上是空间的生产和再生产，其中资本对于空间的选择性利用，一方面从宏观上造成空间发展的差异，形成不同空间职能；另一方面从微观上造成空间的重组和整合，作为生产要素的空间在资本的驱动下产生较大的空间价值。正是由于空间对于资本的过度积累具有很强的消化能力，成为资本扩张的一种重要途径，也正是资本的加速流动，促使空间不断发生变化，增加自身价值，提高效率并产生出与此相应的空间外在表象与内部机制。

2.2.2 空间组织与社会变迁

人类社会需要一定的组织形式，每个时代的科技能力决定着人类交往的地域空间，而人类交往过程中所形成的共同利益能够促进空间范围内的成员接受特定的规则、习惯，形成一定的地域性组织。从生产生活意义上来看，在城镇化过程中，特定空间范围内大规模人口高度聚集并展开政治、经济、文化等活动，成为具有一定社会关系的空间组织形式。城镇化与社会变革相互依赖，在城镇化进程中，空间递嬗反映出当前复杂的社会现实，不同的空间根据社会变迁形成多元化的发展特征。社会的变革会使得不同空间中不同社会群体的生活方式进行不断的变化，这种发展模式使居民在工作模式、思想行为及艺术文化等领域获得各种新的机会，这些新的生活方式必然对空间发展产生影响。不少研究透过这些发展现象，深刻理解其空间逻辑。首先，人口与空间的关系是所有要素相互作用中最重要的，人口规模、流动和改变的速度对于空间特征的塑造意义重大，与此对应空间质量的差异会影响人口数量与成分。因此，与未来空间变化结合在一起的是人口格局的变化，人口进行规模扩张的同时在新的空间形成集聚，伴随着区域内空间规模扩张、人口流动加剧，区域的可持续发展也面临着挑战，如，空间的碎片化、空间差异拉大、大尺度空间引发的长距离和高频率的通勤交通等。其次，国际化进程导致政治与空间发展的关系越来越密切，政治生态的变化影响着社会经济发展，也会对空间组织的公共政策产生影响。与此同时，行政区划和竞合关系，也容易导致空间组织的变化，社会发展为空间组织提供机遇，包括发展政策、基础设施、环境保护与社会服务等领域。最后，科技发展仍然是空间组织的前提，科技水平影响着社会发展的节奏，并在空间中形成层层烙印。

2.2.3 空间重构与经济动因

空间递嬗的特征标志中，经济发展的增长和滞后将会产生明显的空间响应。经济的增长，一方面为空间演进注入活力，另一方面也对空间作为经济发展的载体而提出更高的要求。产业为空间的扩张提供动力，产业集群的发展模式快速推动了空间的改变，随着空间专业水平的提高又进一步强化了产业集聚。由此，许多专业化空间和多样性空间共同组成协同发展的空间体系，使得空间成为一种能够有效组织生产活动的复杂巨系统[76]。随着社会经济的发展转型，工业化作为发展的动力机制开始弱化，在经济结构转移到服务行业时，特别是金融业和现代化商业的出现，对于空间递嬗的影响是巨大的。在粤港澳大湾区这一巨系统中，各经济主体的行为并不完全取决于其个体，还受到来自行为个体所处空间位置的影响，以及个体之间的互动作用。首先，产业分布在一定意义上决定着空间圈层，产业自身的市场潜能发生变化会导致重新选址，并使得产业的空间分布特征更加明显，最终表现为组织上的层级性以及结构上的多向性[77]。如，生产性服务业对于空间重构至关重要，生产性服务业与制造业在空间中的分离，体现了产业向价值链高端攀升的同时实现空间功能改变。其次，企业作为微观主体，其组织结构变化，尤其是总部与制造部门的分离会影响空间的集聚性，企业的动态演化能力与产业价值链整合成了空间递嬗的充分条件。最后，自由市场将资本与劳动力配置起来，通过专业化的分工组合成相应的空间层级关系与空间功能分布。

2.2.4 空间限定与环境制约

随着生态环境作用的凸显，理想空间的打造不仅局限于是生产与生活的载体，同时应该具备生态、文化、健康等多元目标的相互协调。生态文明建设作为发展战略目标被明确提出，强调了国土空间优化和自然生态系统保护，核心内容要求空间建设过程要以环境资源的承载力为基础，转变传统空间发展中偏重社会经济要素，而忽略生态环境要素的局限[78]。空间在扩展中对生态环境的影响，已经成为空间治理所必须考虑的核心问题[79]。粤港澳大湾区的发展应该建立在空间增长与生态环境保护之间价值再平衡的基础上，以三区三线为底线建立系统的空间管治政策体系，在保障空间发展的同时促进生态系统结构优化和生态功能的提升，最终实现空间的可持续发展。

2.3 直接或间接的空间交互作用

围绕着空间及其内部的空间要素关系这一核心，可以跨越传统的空间尺度与空间层级组织，改变主体与客体、社会与自然的二分法，进而形成系统性的研究。因此，空间不仅被看作一个用于表达社会、经济、环境发展的媒介，它本身也是影响发展模式和生产与生活差异的内在因素[80]。因此，直接或间接的空间交互是要素相互作用后表现空间递嬗的特征之一，对地区发展有着重要影响（图2-3）。

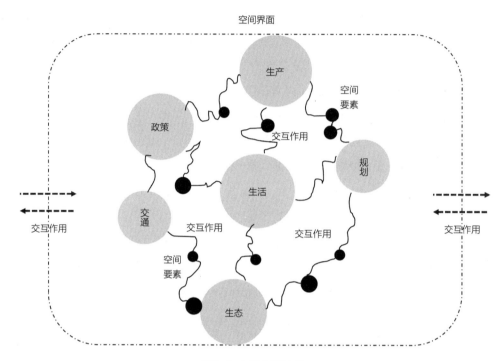

图2-3 空间交互特征

2.3.1 空间交互

空间中资源要素以能量、物质、信息等形式相互作用，成为空间递嬗的动力机制，具有不可替代的作用，这种过程可以称为空间交互[81]。空间交互包含着各类要素在空间内的流动[82]，这种交互作用形成了嵌入在地理空间中的发展轨迹。通过空间交互可以理解不同要素在集合行动中如何创造城市与区域空间，又是如何塑造并且引导要素行为，概括为要素作为空间的构成以及要素作用转化为建成环境[83]，米勒（Miller）指出地理邻近空间具有更强的交互作用[84]。城镇化被视为一种可探测空间现象，具有空间递嬗特征并对空间要素产生影响。一方面空间要素在城镇化模式下不断重组以适应现有条件，另一方面表现为空间交互作用的强化，改变空间的同时加速了城镇化。这种空间领域研究，回应了要素互动的同时解析了宏观结构。在粤港澳大湾区发展演变中，空间交互作用下的人口、产业、资本、技术等要素的流动，使得空间分工和功能互补在一定的地理空间范围内进一步扩展与优化。同时，城镇化进程形成了新的空间形式，促进了资源要素在不同层次、不同地方的相互作用，为区域的整体发展提供了基础。

2.3.2 交互界面

空间转向后的地理学研究需要关注物质空间内在机制的社会组织过程，及其空间要素之间的相互关系，在地理学科方法和社会学科方法之间建立一种交互界面[85]。空间作为交互界面支撑着各种有形要素（人力、物资等）和无形要素（信息、服务等）以不同的运动方式进行着相互作用，在不断拓展物质空间距离规模的同时，发展成为一种新的空间逻辑，即在物质空间的基础上产生更多非物质的社会网络和功能结构的动态联系[86]。依托空间，要素之间形成各种功能联系，产生的社会、经济、环境等相关活动促使空间之间形成紧密的关联，由此产生的空间相互交织并最终形成一种新的空间状态。首先，空间是城镇化产生、发展、演进的地域载体，无论是社会或经济系统的运动，还是空间结构变化与功能演进，以生产组织为特征的运动形式都在一定的空间内展开，并形成与之相配的空间形态。其次，要素的流动作为一种空间现象，都是发生空间互动联系中的表现形式，其典型特征是要素在空间之间流动形成了相互交织的网络组织系统。最后，空间由各要素整合成为复杂巨系统，在客观上存在于各种要素发展过程与地域条件紧密结合的过程中，并在空间分工基础上形成专业化的增进，进而展现形成错综复杂的空间结构，是要素的空间分布和相互作用的结果，体现出人类建成空间生成、发展的时空过程和整体的状态特征。空间作为一种交互界面是各种要素活动作用的复杂螺旋上升，包括空间的内涵式更新和外延式增长。各个空间单元不再局限于自身的发展，而是从整个大的空间中获取所需要的资源，这种空间的互补性功效使得物质空间、社会空间与流动空间相互影响。因此，空间作为交互界面能够清晰地刻画出城镇化的推进过程，同时尺度扩展、功能演替和多元空间的融合，必然引起空间的剧烈变化，而空间中不同社会和经济力量的壮大、组合、进化，也必将强烈地作用于空间演变的过程[87]。

总体来说，空间系统是通过要素的交互作用而生产与建构的，组织关系不但取决于自然空间法则，同样也是政治、经济、文化相互作用的产物。因此，空间递嬗可以被视为各种要素互动过程的结果，可以通过不同层面的分析，寻找空间的发展机制及其规律。一方面，空间概念在由自然性向社会性转变的研究中，不断通过相互作用的关系使得对于自然性与社会性的认识和理解程度加以拓展，实现自然性和社会性在空间中的有机统一。另一方面，研究倾向于用系统的关系来理解地理学的"城市—区域"演变，同时建立在物质空间、空间转向、流动空间和劳动空间分工等理论上的空间多样化特征日益走向相互影响、相互制约的关系，并不断被重新整合。在这种意义下，通过空间这个交互界面把物质的和社会的要素相关联，可以实现各要素的并存与交汇。

2.4 空间的测度

空间理论的发展使得人们对于空间的认识不断加深，同时空间本身所表现出来的是一个综合性的应用和产物，具有不同的属性特征。城镇化、功能演替和群组融合，必然引起空间的剧烈变化，不同社会组织与经济体的壮大与组合，作用于空间内在与外在的演化过程。因此，空间在尺度与边界、集聚与扩散、等级结构等方面所表现出来的特点，是自然环境、社会经济以及规划管理等因素综合作用后的结果[88]。空间在这一发展过程中以独特的方式记载着"城市—区域"发展的历史轨迹，研究可以通过测量计算、可视化展示等方法分析空间的相关参数以揭示其发展演变。粤港澳大湾区在快速的城镇化进程中，不断地改变着空间的状态，空间的尺度也发生着不同于以往的变化。同时，社会联系和功能结构更具有灵活性，从而形成各种空间的交互重叠。由此，要系统地探讨粤港澳大湾区的发展演变，应从多变量统计口径的要素变更、制度变迁与城镇化演进入手，通过空间规模、空间相互作用、空间结构组织等方面总体把握其发展演变。

2.4.1 空间基础

粤港澳大湾区的发展演变是发生在不同范畴，作用在不同层面和控制在不同尺度上的各种复杂过程，系统地反映在时空复合过程中，集综合变化于一体。除了空间直观的物质性的外在表现，其流动性及社会性亦在变动，网络联系、结构组织都可以看作空间递嬗的过程。如今正值全球进入发展背景急剧变化的时期，时空压缩、空间重构成为空间递嬗的新特征，不仅包括了城镇空间规模的增加，也包括由一系列变革所推动的社会、经济、政治、文化、科技、环境等的变化。因此，反映内部机制的要素流形成了"空间网络"，且依赖于地理空间；而反映外在表象的"空间形态"则直观地反映出地方环境，是要素相互作用的结果，并非要素的简单叠加。内部机制与外在表象之间的耦合作用将构建一种多构化、多形态的"空间结构"，而空间之间的关系既存在物质关联，也存在逻辑关系[89-91]。据此，"空间"在本书的研究中被分解为由"空间形态""空间网络""空间结构"所构成的关系型综合体（图2-4）。

空间的"形态—网络—结构"在整个粤港澳大湾区发展演变的链式循环中形

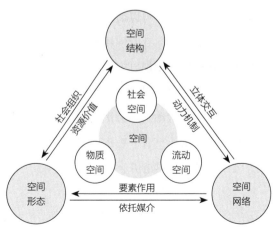

图2-4 空间研究逻辑关系

成嵌套关系，空间形态的积累体现出一定的空间结构，空间结构的演进总是一定空间网络组织的结果，而空间网络的形成则是以空间形态为依托。根据研究内容，由空间存在的轨迹探究问题时，系统论为研究提供了整体性思维，协同论为应对问题提供有序参考，并结合空间内外关联、动静互补来构建本书的研究框架。因此，本书在整合相关空间理论的基础上，以空间为核心研究粤港澳大湾区的发展演变，建立起多层次、多维度的研究体系，进而通过空间本身，结合空间形态和超越感知的空间网络与空间结构的动态联系来共同探讨。

1. 空间形态

空间形态（Spatial Morphology）以其独特的方式记载着城镇化发展的历史轨迹，是城镇化的深层结构和发展规律的显性特征。空间形态作为一个内涵相对确定、外延相对模糊的概念，研究范畴涵盖面广，需要多种学科共同参与。由于空间形态研究的重点和角度差异，其概念也有所不同。围绕空间形态的研究范畴，学者们提出了不同含义的概念，根据本书研究的内容，其含义更接近于城市形态。根据《中国大百科全书》关于城市形态的解释，空间形态可以表述为内部机制作用在空间的外在表现，反映在空间的内部组织、平面形式、城市建筑以及布局特征上。根据《城市规划基本术语标准（1998年）》的释义，空间形态可表述为各要素交互作用组织在空间上的映射状态。以上解释关注于城市作为实体所呈现的物质空间形态，是能够被感知的空间外在表象。

关于城市形态的研究大致经历了实证主义、经验主义、结构主义、人本主义等几个阶段。19世纪开始，随着西方城市一系列问题和矛盾的产生，引发了城市结构的巨大变革，形成着眼于结构宏大、形体壮美的新古典城市空间形态研究。发展到19世纪末，田园城市理论（Howard）、线性城市理论（Mata）以及工业城市理论（Garnier），不断丰富着城市空间形态的研究范畴。20世纪60年代，城市空间形态开始强调适应情感的人文化，康泽恩（M. R. G. Conzen）引入城市平面的目录式分析，形成城市形态学研究的原理性框架。在这一理论体系中，平面格局、城镇景观以及边缘带的影响最为重要，以此奠定了城市形态学研究的基础。林奇（Lynch）归纳了城市的各种形态后总结为九种类型，并进行评价[92]；巴蒂（Batty）则利用分形学研究了土地利用结构和城市空间扩展形态[93]。国内对于城市形态的研究主要反映在物质空间、社会功能、行为空间以及文化空间等方面，重点关注城市的社会组织与物质环境。齐康认为城市形态体现了城市的空间特征，是一个有机体内外矛盾的反映[94]。武进定义城市形态为形状、结构与相互关系综合而成的空间系统[95]。研究内容集中在城市形态的演变模式、发展机制、运行效率与生态效应等；研究方法则广泛采用了3S技术、图形定量、数理统计、景观指数、分形指数等[96]；研究尺度则以城市为主[97]。而都市圈、都市带、城市群、巨型城市区域等地理概念的出现不断推进了城市形态研究的深度和广度[98]。关于城市形态研究方法可以概括为模式化和数量化，而分形学、生长模型、系统动力学等方法的引入更加丰富了城市形态的研究。

本书将空间形态引入粤港澳大湾区的发展演变研究，从地域空间形态的角度探讨社会经济发展的空间响应。研究的空间形态是对城市形态研究的延伸，是从空间的角度研究城镇化作用下大尺度范围的空间形式与状态。其本质是物质空间，是一个区域的全面实体组成及实体环境，可分为空间的几何形态，以及各类用地的分异格局。空间形态作为物质环境构成的综合体，是城镇化过程中物质要素呈现于人们视觉的表现形式，由可感知的、有形的各类城镇空间构成，是区域城镇化内部机制的外在表象，是各种空间要素博弈而形成的物质空间。在研究中需要从不同空间尺度掌握其形式与状态，需要关注"城市—区域"发展演变中空间形态的破碎性、紧凑度、分形特征等方面的变化，是空间在多因素相互作用下的结果。

2．空间网络

空间网络（Spatial Network）是一个宽泛的概念，可指由一系列联结节点和连线在空间中组成的纵横交错的组织或系统。信息时代的时间和空间特征有了较大的不同，空间的网状结构表现愈发明显，这些网络构成了区域的空间特征。按照卡斯特尔斯的说法：空间要素的流动与重叠，从信息流到交通流，形成了相互交织的空间网络，形成具有很多表现的网络结构[99]。福柯将人的交往看作一种网络关系，人在空间中的体验是点与点之间的相互联结，是线性交往下的客观存在，并组成互相缠绕的空间网络[100]。并进一步描述为，在这样一个空间时代，通过要素与要素间的连接关系，能够呈现出一定的关系栅格。空间网络可以跨越空间距离，作为媒介承载了社会、经济与环境等的多重组织，映射出各种逻辑关系的同时，也改变了空间形态。

全球化和信息化极大地增强了空间联系，但也加深了空间差异，这种对立统一的发展趋势，使得大城市正在成为枢纽，建立起涵盖中小城市、规模不等且均衡发展的空间网络组织，城市群的内部联系在此背景下被重构。空间网络是对行为主体之间互动关系的反映，基础设施的快速发展构成了新的空间发展方式，形成的网络社会改变了不同地域尺度上的地方空间，构建出更加有效的社会经济组织模式。空间网络的分析包括不同尺度的地域范围，可以具体到物质流与人流等要素，也可以抽象出社会经济关系。诸如城市体系空间联系的分析，城市间的联系网络既可以是交通联系、人口迁移、产业分工或文化交流等，也可以是城市对外的辐射能力。这样一个动态的网络具有随时空变化的能力，空间彼此之间的关联代表了要素流动，或是一种建立在关系上的表达方式。空间网络的形成模式有助于研究理解社会与空间的关系逻辑，并提供了新的分析手段去认识空间递嬗。

根据以上观点，本书研究的空间网络是人类活动的复杂结构在粤港澳大湾区所呈现的一张编织紧密的联系网络，是多种要素在空间上一种抽象意义的建构。研究为了发现粤港澳大湾区的内在发展规律，将空间网络视为一种区域资源的配置过程，在关注空间网络拓扑结构的同时，解析不同类型的空间集聚现象。作为一种具有非物理特征的空间网络，在研究中通过度量节点大小、路径长度以及方向等特征解析出空间网络的组织结构信息。空间网络中的节点代表了功能区，表示各类活动聚集的空间地点，可在分析中观察到城镇化进程中不同类型空间要素的集聚现象。网络连线则代表了各种社会交往活动所形成的关系，组成具有多重属性、多维的网络结构，研究以此为形式去表达空间网络的结构模型。

3. 空间结构

空间结构（Spatial Structure）是社会关系的内在机制表现，是导致社会发展的重要动因。研究空间结构需要关注社会过程所表达的空间属性，应建立在社会关系的理论构成基础上，采用地理学和社会学相结合的方法。空间结构作为社会关系构成的基本形式，是城镇化发展阶段、发展程度与发展过程在空间上的直观反映，可以理解为社会结构、经济结构以及等级规模在空间上的投影，反映特定区域内空间相互作用后的关系特征，可以体现出区域的发展水平和度量区域的发展能力。本书研究的"空间结构"概念含有城市空间结构和区域经济结构的概念，主要是指生产活动要素在空间中的分布与相互作用，这种作用是要素在空间关系中的组织关系体现。因此，空间结构包括物质属性与非物质属性，物质属性是指构成城镇空间的形态特征，非物质属性是指依托于空间中要素的相互作用。

粤港澳大湾区的发展演变是不同行为主体的共同作用结果，包括国土资源开发、社会经济交往、产业结构特征等，这种综合性的发展演变必然伴随着区域空间结构的变化，并且在空间递嬗中进行反馈。正是这种作用的反馈关系，在大湾区深入合作建设的关键时期，空间要素在地区内的分布及组合所具有的独特形式为我们打开了另一扇看待粤港澳大湾区发展问题的大门。总之，粤港澳大湾区的发展演变作为一个动态的过程，为了追求空间要素的协调，向积极的方向发展，任何单一层面的探讨都是片面的，只能够提供一个专题角度上的问题，不具备全面性。因此，需要系统化地构建粤港澳大湾区发展演变的研究内容，从空间的不同层面、不同维度进行分析。

2.4.2 空间计量

快速城镇化下的空间关系愈加复杂，空间递嬗更为频繁，传统的分析手段和技术方法已不能充分表达当代城镇化进程中的本质特征以及空间产生的多维变化[101]。面对粤港澳大湾区这一层面的大尺度空间研究，为应对日益复杂的空间关系与模糊的城镇边界，需要更多的分析手段来体现新的空间形式，反映出尺度变化及相互作用的空间关系。随着现代技术水平的不断进步，空间计量逐渐兴起，使得空间作为一种变量用来进行粤港澳大湾区的系统分析成为可能。本书在研究中为了使过程更加明晰，结果更加准确，采用了空间计量这一分析方法进行了大量的数据运算。

空间计量（Spatial Econometrics）经济学概念首次由J. Paelinck提出[102]，Anselin对空间经济计量学进行了系统的研究，认为几乎所有的空间数据都具有地理依赖性或空间自相关的特征[103]，在此基础上将空间经济计量定义为，在统计分析区域的科学模型中，具有空间特性的一系列技术方法。通过20世纪末至21世纪初不断地研究与探索，空间相关理论与计算机辅助技术相结合的跨学科领域成为研究空间复杂性问题的主流方法。目前，空间研究开始采用一些具有演算特征的数理模型，通过实验方法观测并检验空间特征。具体方法可以借助度量学、经济学、地理学等学科的研究，如混沌数学、拓扑网络、图论等，与精密计算工具相结合研究空间系统的复杂组织逻辑与演变规律，并采用模拟技术可视化研究过程与结果，揭示隐匿在空间表象背后的内在机制，用以弥补传统空间研究中不可实验的不足[104]。

在空间理论与空间计量研究不断深化的基础上，现代空间研究的变革不仅体现在方法论和认识论层面，也更多地体现在本体论层面，使得空间的研究走向了高度的多样化和复杂化。由于目的不同，在城市群区域层面的研究中，分析方法和模型往往忽略空间形态及其相关性等空间效应，因而对国土空间规划的引导性以及大尺度空间的发展研究存在一定的缺陷。随着粤港澳大湾区合作的不断深入，各种要素流频繁地发生着多向重叠的流动，形成空间网络组织的同时，刻画了多样的生产生活用地尺度边界，具有不同的分维数以及破碎度等空间形态特征，并对空间的结构、功能及其演化产生了重要影响。为此，本书在数据模型计算的基础上，从复杂的数理推论中进行综合分析，希望通过空间的分析辨识粤港澳大湾区发展演变背后隐藏的空间秩序与规律，进而通过多样的方式可视化呈现出来。

1. 基于遥感数据的国土空间资源识别与空间形态分析

利用遥感时空数据进行地理空间监测，适用于任意地理区域范围，不受行政界线的限制，并且可在时空序列上实现动态统一，是目前针对大尺度空间定位与发展宏观监测分析最为常用且直观的方法手段。当前研究多基于遥感数据对土地利用、地块特征进行动态监测与分析，可以为区域的资源研究提供依据[105]，或者依据灯光分布状态对城市发展进行分析[106]。随着电子信息以及对地观测技术的发展，对空间的感知与分析能力不断加强，进而大尺度空间土地利用数据获取的实时性与精准化变为现实，为精细化研究空间形态提供了新途径。在未来，研究将会打破基于遥感数据独立分析的传统常态，纳入更多新型数据进行综合分析，充分发挥多源数据融合分析的技术优势。

粤港澳大湾区的快速城镇化显现出多样性的特征，其中高效的空间总是复杂的或分形的，它由不同要素相互叠加而成，具有高度整合的功能以满足不同需求，且表现为不同形式，只有这样才可以持久地存在。然而，由于空间体量大且空间形态的复杂性，使得一般方法难以对不规则的边界形态进行准确的定量描述[107]。本书运用卫星遥感影像，借助已有的遥感影像处理技术和空间分析技术，构建SVBI指数，以多时相、多波段的Landsat MSS/TM/ETM遥感影像为数据源，提取1978年、1988年、1998年、2008年、2018年五期的土地利用情况。对于空间资源利用的识别采用监督分类法，在ENVI软件中，以下载的伪彩色合成影像为基础进行用地监督分类。在详细说明了不同土地利用特征之间的发展情况下，应用GIS建立模型来界定城镇空间的界限，应用扩展强度、冷热点、紧凑度和分形模型等综合评估空间的发展特征与规律，以及城镇空间的发展趋势。至于自然或社会的影响因素，研究会根据不同的环境状况、资源要素特征或社会经济政策，综合不同类型的交互作用给予分析（图2-5）。

2. 基于传统数据的空间联系测度与网络组织解析

有关空间联系强度的空间计量首次提出在20世纪40年代，哲夫（G. K. Zipf）将万有引力定律引入城市关系的分析，成为城市体系空间联系、空间相互作用等研究的基本方法。此后，塔费（Tafer）利用人口与距离形成的指标来分析城镇间的经济联系强度，并指出经济联系程

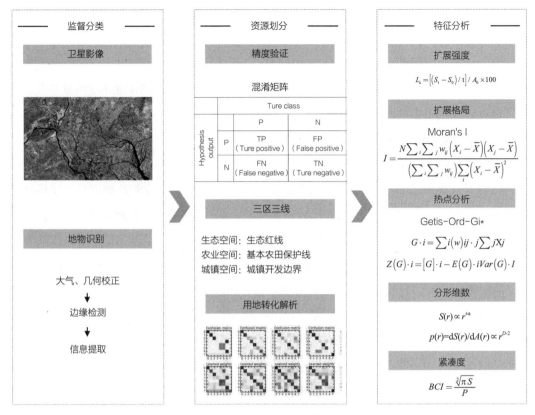

图2-5 空间形态计量模型

度与人口和距离分别成正比与反比关系[108];王德忠等使用引力模型探索了上海与周边地区的经济联系[109];Simeon Dankov以贸易量为数据运用引力模型计算了经济联系的变化[110];Hidenobu Matsumoto在引力模型基础上,利用航空流强度分析研究城市群的网络特征[111];顾朝林等通过建立引力模型对中国城市体系等级进行了划分,并对城市间的经济联系强度进行了分析[112]。后经众多学者不断地完善,形成了较为成熟的空间经济联系计算模式[113]。除上述对空间联系的分析外,建立在城市群区域内部空间关联性基础上的空间网络具有更为复杂的含义,分析类型一般包括有向网络、权重网络以及复杂拓扑网络等[114]。可以通过网络分析方法,以企业关联、经济联系、交通流量等数据为基础,进行空间网络结构分析[115]。

基于此,本书将相互作用看作其要素发展的本质特征,对空间要素的微观组织问题进行综合分析,结合作用强度综合考察粤港澳大湾区空间网络的组织情况。首先,从经济总量、人口规模等角度了解粤港澳大湾区发展演变的时空差异,并采用位序—规模指数以及普通克里金法进行空间插值计算,说明粤港澳大湾区城镇化过程中的差异程度。其次,对大湾区的公路、铁路、水运、航空等多种方式组成的立体交通网进行分析。再次,以空间规模、空间环境、经济实力、金融实力、产业结构及人力资本为主要要素,建立粤港澳大湾区"空间质量"的评价指标体系,以"空间质量"作为评测空间相互作用的一个变量,评价包括以吸引、集聚和配置资源要素流动所体现的动态竞争优势。在此基础上,对传统引力模型的空间联系增加有向计算方法，利用图形直观地显示粤港澳大湾区空间联系状态，并结合参数分析方法分别就粤港澳大湾区空间发展动态进行分析。最后，引入社会网络分析（SNA）方法，利用社会网络分析法计算粤港澳大湾区的空间关联特征，通过引力强度、网络密度、中心性等分析方法对粤港澳大湾区的空间网络组织展开研究。其中，有关空间的数据计算和SNA基本模型拓展了量化分析空间网络特征的可能性，进而通过分析理解空间的社会经济发展意义（图2-6）。

3. 基于大数据的空间聚类分析与功能结构特征

大数据顾名思义为数据量规模巨大，若从静态角度理解，大数据是由数量巨大、类型众多、结构复杂数据构成的数据集合；从动态角度理解，大数据是基于网络获取与云计算处理的数据模式，可以通过数据的交叉利用与整合共享形成的数据资源和服务体系。伴随着大数据的多元化进程，对于空间的研究已经从传统数据分析方法向深层次、多维度的多源信息分析领域拓展。同时，时空大数据具有丰富的语义信息，有助于对空间的功能结构进行判定。近年来，学者们开始尝试利用手机信令数据、居民迁徙数据、网络指数、POI数据、物流信息等分析城市群区域空间的活跃度、内在联系强度，进而分析城市群空间格局和功能定位[116-118]。可见，信息技术的发展促使数据产生的领域越发广泛，在大尺度复杂区域内部特征的研究过程中，逐渐突破了传统数据的分析方法。新型网络大数据为揭示城市群的发展特征、中心地区的辐射范围、空间联系强度、空间结构等提供了更多的研究手段。未来还可在

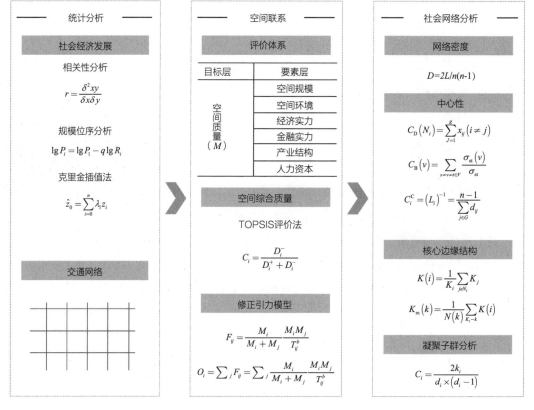

图2-6 空间网络计量模型

城市群内部关联性分析的基础上对空间协同问题展开研究，促进城市群区域一体化发展。本书计划基于GIS平台融合新型网络大数据的综合分析，为研究提供了更多思路。

地理空间、社会空间以及各空间要素之间的相互作用，是促进区域发展、城市体系不断完善的内在动力。空间经济学认为，在城镇化驱动下的要素集聚是空间增值的有效方式。同时，要素增长具有很强的外部性，在很大程度上影响空间的溢出效应。同时，空间也不是独立存在的，在地理位置上相近的空间总是围绕着一些核心空间而形成一个空间体系，决定空间布局的力量是离心力和向心力[119]。自由市场与产业的专业化分工将空间要素配置起来，形成他组织与自组织作用下的空间层级关系和专业化分工，形成促进区域协调发展的空间结构模式[120]。粤港澳大湾区由于独特的行政区划，统一性的数据通过传统的手段难以获取。因此，本书通过网络黄页及电子地图进行数据采集，利用企业信息推导出产业集聚特征，进而对粤港澳大湾区空间类型进行分析。空间结构受空间交互影响，很大程度上依赖要素的空间溢出，因此可以运用空间类型的聚类分析进行探讨。多因素的综合评价法包括聚类分析、主成分分析、多准则判断等方法，主要用于空间特征辨识、空间关系判别、空间变化驱动力分析和空间协调等环节的研究。另外，研究中涉及的栅格计算、邻域分析、空间聚类、缓冲分析、格网分析以及数据的内插与叠加分析，都在GIS中进行空间处理，在获得综合分析能力的同时可视化分析结果（图2-7）。

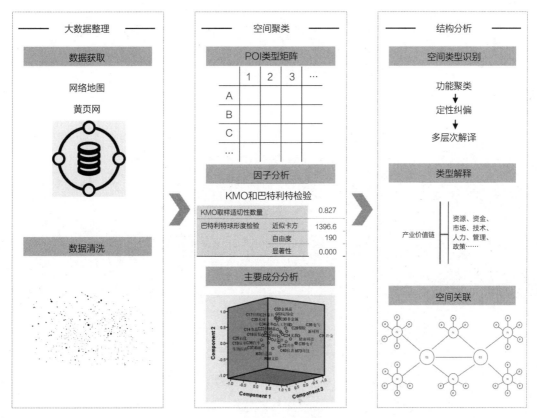

图2-7 空间结构计量模型

第 3 章 | 粤港澳大湾区的形成与空间格局

粤港澳大湾区作为一个新的地理概念，是在"一带一路"倡议下，应对全球化及区域合作强化而产生的，是中国层次多、规模大、发展快的改革先行地。虽说粤港澳大湾区正式划定于2017年3月国务院政府工作报告中，但早在20世纪末，有关的学术讨论便已经开始关注湾区的发展状况。1997年，香港科技大学教授吴家玮根据自身在旧金山湾区的经验，认为香港与深圳具备共建湾区的基本条件，提出了建设沿香港到深圳海域的港深湾区设想[121]。2003年，学者黄枝连提出将港澳发展版图扩大至珠海万山群岛，共同打造伶仃洋湾区，形成一个更宽广的平台促进整个区域的发展[122]。此后，相继有学者结合"一国两制"下的区域合作、内地与港澳《关于建立更紧密经贸关系的安排（CEPA）》，以及"9+2"泛珠江三角洲区域发展模式，提出了万山群岛湾区[123]、港珠澳湾区、珠江口湾区[124]及大珠三角湾区等概念。

官方资料中，2005年的《珠江三角洲城镇群协调发展规划（2004—2020年）》第一次提到了珠江三角洲湾区，主要内涵关注于环湾滨海地区的生态核心和产业核心建设，涵盖深圳的沙井、松岗；东莞的虎门、长安；广州的南沙；珠海的香洲、横琴、唐家湾等地区，但并未将香港与澳门两地囊括在内。2009～2010年，由粤港澳三地政府联合制定的《环珠三角宜居湾区建设重点行动计划》和《大珠三角城镇群协调发展规划研究》将"湾区"进行了扩大，提出环珠江口湾区建设，不但涵盖香港、澳门全境，也包含广州、深圳、珠海、东莞、佛山、中山的滨水功能区，继而广东省在《珠江三角洲地区改革发展规划纲要（2008—2020年）》中提出了支持湾区重点行动计划。2012年，广东省发布全国首张海洋经济地图《广东海洋经济地图》，其中六湾区一半岛被划定，明确了广东海洋经济的发展方向。2013年年底，在地市级层面深圳首先提出发展"湾区经济"，并将其纳入2014年市政府工作报告。

粤港澳大湾区建设出现在国家战略层面开始于2015年3月，在《推动共建丝绸之路经济带和21世纪海上丝绸之路的愿景与行动》中首次提出打造粤港澳大湾区，随后在一系列的政府计划中逐步细化并确定下来。2016年3月，粤港澳大湾区建设被纳入国家"十三五"规划。2017年3月，在政府工作报告中提到"粤港澳大湾区发展规划"，将粤港澳发展问题与湾区经济建设问题提升至国家层面，并在召开的十二届全国人大五次会议上，由政府工作报告正式提出，涵盖广州、佛山、肇庆、深圳、东莞、惠州、珠海、中山、江门九个城市，以及香港、澳门两个特别行政区。同年10月，党的十九大报告中指出：港澳与内地的发展密切相关，要支持港澳融入国家的发展大局中，以粤港澳大湾区的发展建设为基础，全面推进内地同港澳之间的互利合作，制定完善的政策措施便利港澳居民在内地的发展。并且，作为中国当前着力打造的区域，其悠久的发展历史，完整的空间结构，将会随着港珠澳跨海通道的建成和运营，形成较为完善的道路交通等基础设施，同时湾区内部的联系将更为便捷。

3.1 粤港澳的发展历程

粤港澳自古就是一个联系密切的地理区域，也是中国农业商品经济较为发达的地区，包括珠江三角洲区域、香港特别行政区和澳门特别行政区。其发展主导因素经历了港口贸易、制造业、服务经济、科技创新等不同阶段，呈现出显著的湾区经济特征与累积循环过程。然而，在发展进程中，由于历史原因造就了香港、澳门两个地区独特的地缘关系，形成了不同的发展轨迹。也正是由于政策制度、国际环境、政府决策等原因，粤港澳的发展过程烙印有强烈的时代背景。依据历史演化轨迹和中国发展转型的国情特点，并结合影响粤港澳发展的重大事件，参照相关研究及本书内容，将粤港澳的发展大致分成四个历史性阶段，分别为"穗澳港"依次发展、"粤港澳"彼此孤立、"粤港澳"前店后厂、"粤港澳"深度合作（图3-1）。

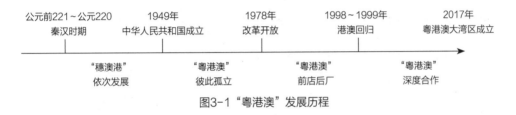

图3-1 "粤港澳"发展历程

3.1.1 中华人民共和国成立以前："穗澳港"依次发展

1. 元代以前广州单中心

广州简称"穗"，秦汉时期，番禺（广州）曾作为南海郡政府驻地，是当时中国南方的经济中心，是多种土特产品的主要集散地。这一时期除建置的博罗（博罗）、中宿（清远）、高要、四会、增城5县外，水陆交通要冲也相继出现一些聚落，如陈村、石门、大良等，以番禺（广州）中心向四周分散布置。发展至六朝时代，人口的大批迁入促使这一区域得到了快速发展，交州刺史步骘对广州城进行了扩建，又一次提升了它的政治、经济中心地位。珠江三角洲区域建置也得到空前发展，达8郡、25县之多。随后到了唐代，京杭大运河的建设，也极大地改善了珠江流域与北方的交通，广州迅速崛起为世界著名港口，加强了广州作为枢纽的内外辐射作用。这一时期珠江三角洲建置共有1府、2州、14县，显著地改变了过去西江与潭江下游行政区域偏多的现象，县份较为密集地围绕在广州附近，其都督府辖下就包含了8县，分别为：番禺、南海、四会、清远、东莞、义宁、化蒙、新会，极大地提升了广州的中心地位。直至南宋时期，著名的四大港口广州港、明州港、泉州港与登州港中，广州港排名第一，在当时是世界上最重要的港口之一，也是当时海上丝绸之路的重要枢纽。元代时期，珠江三角洲不但人口增加，农业上升，而且商业贸易更加活跃，从而开展大规模的开发建设，此时广州的地位愈发突出[125]。

2．明清时期穗澳双中心

随着对外贸易的发展，明清时期的珠江三角洲已经发展成为当时的经济先进地区，为城市的内外交流准备了大量的物质基础。澳门当时仅为珠江口外的一个渔村，拥有对外方便的地理位置，其优良的建港条件促使它成为珠江三角洲众多港口的佼佼者，到明代中叶，成为具有一定规模的番舶交易之地。可以说，澳门是当时广州的外港和番货采购地，而广州则是番货的销售和批发中心。明嘉靖三十二年（1553年），逐渐发展成为当时重要的国际性商贸都会。从澳门港口发出的国际航线联结到世界上的大部分区域，成为当之无愧的国际海上贸易枢纽，成为广州向海外商贸交流的最大中继站。这时的"穗澳"两地各具功能、相互依存，成为珠江三角洲的两大中心。

3．鸦片战争后香港兴起

1841年鸦片战争后，香港岛被英国占领，随后在1861年将九龙半岛并吞，1898年又将新界拓展，香港地区的行政面积扩大了10倍有余。直到1937年抗日战争前夕，香港人口达到100万人，已发展成为当时世界的贸易巨港和远东工业中心，以香港为枢纽的外洋和内河航线抵达世界各大港口和省内各口岸，成为珠江三角洲另一个强大的经济辐射之源。

3.1.2 中华人民共和国成立到改革开放："粤港澳"彼此孤立

新的历史条件下，在港口和商贸的作用下，大湾区三座核心城市依旧保持着相当大的规模，即区域地理中心广州和位于海湾两侧顶端的香港、澳门。但由于三地体制与发展策略的不同，差异化非常明显，粤港澳各自发展，三地长期处于分割状态，相互之间的联系作用被阻滞。

1949年后，广州由过去的商贸城市变为以重工业为主的生产城市，而商业、贸易等服务业发展却受到抑制和缩减，这种转型未能发挥历史上长期形成的商贸特点和优势。因此在中华人民共和国成立初期，广东整体发展不快，城镇化缓慢，人口主要依靠自然增长。到1978年，城市的数量仅增加了4个，分别是江门、佛山、惠州、肇庆，城市的发展也主要作为各级行政中心，人口规模达到10万人以上的城市除广州之外，只有江门、佛山和肇庆。同时，由于国内外环境及体制原因，珠江三角洲地区还停留在原有的经济状况，致使珠江三角洲地区和港澳地区之间形成了隔离状态。与此同时，香港却利用其自由港的优势，快速发展成为国际城市。在20世纪60年代，形成较为完善的产业结构体系，获得金融、制造、航运、贸易、旅游等方面的中心地位，成为亚洲的"四小龙"之一，但对内地并未产生辐射作用。这一时期，香港的人口大量增长，到1976年，人口数量高达440万人之多，远远超过广州，影响力、辐射力扩展到亚洲以及全世界。同期澳门的发展也有了转机，到20世纪70年代，澳门逐渐形成以金融保险、出口加工、建筑地产以及旅游等行业为主的发展模式，人口规模超过20万人。作为粤港澳开展联系的先行动作，1957年的"广交会"虽然没有完全打破珠江三角洲与港澳间发展的隔离状态，但也为改革开放后的三地合作埋下了伏笔。

3.1.3 改革开放到港澳回归:"粤港澳"前店后厂

改革开放以后,从计划经济到市场经济转型中,珠江三角洲采取了宽松的政策,有效利用港澳以及具有的发展条件,包含技术、信息、营销、管理以及资金等方面的优势,以外向型经济为主进行发展。而港澳也通过珠江三角洲,利用内地的资源和劳动力以实现产业结构调整和社会经济繁荣。这一时期由于活力的释放及外资的涌入,激发了广东的快速发展,以"港资北上、三来一补、前店后厂"为发端,形成外向型的发展模式,成为中国大陆发展最快且实力最强的三大区域之一[126]。1980年,深圳和珠海两市被国务院批复设立为经济特区,正式揭开了珠江三角洲改革开放的序幕。深圳、珠海两个特区成立后,在20世纪80年代成为珠江三角洲利用合同协议外资最多的城市,其经济形势后来居上。同时,佛山的经济地位得到加强,中山、东莞也相继设市。1984年,政府公布了允许农村剩余劳动力进城务工、经商等政策,使得大量的人口进入城镇,为制造业提供了丰富的人力资源,据统计,仅在1984年这一年内的人口就有30万人之多,极大地促进了当地经济的发展。到1987年,珠江三角洲城镇多达452座,成为全国城镇化水平最高的地区之一。加上各项产业的高速发展、城镇职能的多样化以及交通干线的建设和改造,极大地增强了城镇的吸引力和辐射力,形成快速上升的发展趋势。1992年,邓小平同志的南方谈话极大地鼓励了广东的改革开放,以外向型经济发展为主导的发展思路得到了延续。由此,广东省委召开了400多名县委书记及其以上干部参加的工作会议,学习了讲话精神,研究如何加快经济发展步伐,以及进一步扩大开放问题。增强了区(县)总揽经济全局能力的同时,进一步解放和发展生产力。1994年,广东省委、省政府宣布,要突破行政区划限制,转向以经济区划为原则统一进行建设,进一步协调珠江三角洲地区的经济发展。建设范围包括广州市区,以及所管辖的番禺、增城、花都、从化;深圳市区;珠海市区,以及所辖斗门;佛山市区,以及所管辖的顺德、南海、高明、三水;肇庆市区,以及所管辖四会、高要;惠州市区,以及所管辖惠东、惠阳、博罗;江门市区,以及所管辖的新会;东莞市和中山市。1995年,广东省有序地开展了珠江三角洲经济区社会经济发展工作,工作对生态环境、产业发展、社会发展、城市建设以及基础设施建设五个方面制定了相应规划[127]。从开始的经济开放区发展到经济区,这一过程体现出珠江三角洲在转向市场经济的体制改革过程中不但统一了发展思路,而且为经济的高速发展奠定了基础。

香港的发展在20世纪70年代末就开始面临着制造业成本攀升,空间限制的巨大压力,经济发展急需转型。与此对应,珠江三角洲拥有着广阔的土地、低廉而充足的劳动力资源,以及较为完善的基础设施和利好的形势、政策等优势。在国际石油危机、香港的出口受阻、制造业停滞的情况下,从20世纪80年代开始,借助内地的改革开放政策,开始了产业的转型发展。此后,香港厂商加快与内地的生产贸易合作,劳动密集型产业不断北上,向内地转移,珠江三角洲因此成为生产基地。这一转型发展既带动了珠江三角洲地区的制造业发展,也促进了自身的产业升级。发展到20世纪90年代中期,将近80%的工厂或生产线从香港转移到珠江三角洲，这种现象让珠江三角洲在1995年的第二产业占到生产总值的35%，成为名副其实的加工厂。同年，香港服务业的生产总值比重超过80%，逐渐向着多元化、多功能的服务型产业发展，成为整个区域的服务中心。这样的功能性合作，使得粤港之间形成了互相合作、互补互利、协同发展的经济合作关系，"前店后厂"式的跨境合作模式逐步成型[128]。

与此同时，随着香港港等一系列临近海湾港口的崛起，澳门在太平洋国际贸易体系中的地位逐渐变弱。学术界似乎有一个较为权威性的看法，将澳门此时的经济定位在"区域性商贸综合服务中心"，这里所谓区域性，是指"内地尤其是华南地区"[129]。由于珠江模式主要是依靠香港这个外力带动而发展起来的"外向型"模式，所以在这段时期，香港对珠江三角洲发展有着强烈的扩散、辐射作用。香港周边的城市发展非常迅速，如深圳的迅速崛起，以及被誉为广东四小虎的南海、顺德、东莞和中山，促使这时的珠江三角洲区域经济格局逐渐向多极化演变。港澳与珠江三角洲地区间的功能性合作打破了跨境限制，产生了以生产和贸易为主体的合作方式，作为这一时期的空间表象，产业在珠江三角洲各城镇中的集聚成了普遍现象。

3.1.4 港澳回归到粤港澳大湾区正式成立："粤港澳"深度合作

20世纪末，香港、澳门相继回归，粤港澳三地的合作建立在了"一国两制"的大框架之下，政府的推动作用不断增强。随着港澳回归到CEPA框架下的服务贸易和生产性服务业的跨境合作，再到自贸试验区，技术与知识在城镇空间内的传播与革新显得更加频繁。由于产业技术的升级，以及劳动力和土地成本的上升，港澳与珠江三角洲的比较优势在慢慢减弱。同样使得产业的前后联系不断向生产地集中，加上低廉的成本和规模报酬递增，粤港澳区域的内生动力发生了变化，以香港为龙头的空间格局有了明显改变，主要有以下三个阶段：

1. 2000~2004年，以服务业为核心的经济整合

进入21世纪，粤港澳合作着眼于突破单纯的产业合作局限，向纵深化发展，并随着2001年中国大陆加入WTO，广东对于港澳的开放程度愈发加大。由于长期以来形成的产业互补性，粤港澳三地在此阶段开始偏向服务业合作，尤其在生产性服务业领域合作不断加强。同时，回归后粤港澳民众跨境消费、定居、度假、养老等社会经济联系明显加强，人员的跨境流动日益密切，香港—深圳形成全球最繁忙的口岸。中国香港作为世界性的枢纽，是珠江三角洲制造业全球供应链的管理中心、国际金融中心、贸易中心以及航运中心，而珠江三角洲则成为全球制造业基地，是中国经济增长的重要引擎。在空间发展中，"港深穗"走廊发展迅速，促使整个区域成为具有一定影响力的"城市群""大都市带"或"巨型城市区域"。2004年，开始全面实施的《内地与港澳关于建立更紧密经贸关系的安排（CEPA）》带来服务与贸易的深度合作，珠江三角洲开始第二轮的经济开放。因地理、历史和文化的渊源，以及坚实的经济合作基础，粤港澳三地突破单纯的产业合作局限，形成以服务业为核心进行经济协调。新一轮开放过程中，珠江三角洲工业化和现代化进程的加快对香港、澳门在亚洲金融危机后的复苏起到了关键性的促进作用，港澳也积极扩展与内地的合作。广东与香港、广

东与澳门分别设立了粤港、粤澳联席会议制度，使两地高层协调会议常态化，促进了两地的协调发展[130]。

2. 2005~2010年，共享共建下的基础设施整合

随着合作的不断深入，粤港澳在合作联席会议上分别设立了粤港城市规划及发展专责小组和粤澳城市规划及发展专责小组，便于展开推进区域内的一系列规划研究。2005年，广东省政府发布了《珠江三角洲城镇群协调发展规划（2004—2020年）》，提出应实施经济发展与环境保护并重的策略，努力建设专业化服务中心、新兴产业基地，以及环境优美的新型社区。国家发展改革委在2008年公布《珠江三角洲地区改革发展规划纲要（2008—2020年）》，明确支持共同规划珠江口地区的重点行动计划。2009年发布的《大珠江三角洲城镇群协调发展规划研究》是粤港澳三地首次开展的策略性区域规划研究，是中国第一个跨越不同制度边界的空间协调研究。该研究经国务院港澳办和粤港澳三地政府同意，由广东省住房和城乡建设厅、香港发展局和澳门运输工务司三方，通过粤港和粤澳城市规划及发展专责小组两个合作平台得以开展。《大珠江三角洲城镇群协调发展规划研究》把发展计划作为空间总体布局协调计划的一环，提出跟进工作，包括跨界地区合作、跨界交通合作、生态环境保护合作，以及发展协调机制建设。报告突出了跨界地区合作和区域交通系统协调的事项。例如，多机场系统和组合港系统，湾区一小时交通圈、次区域内一小时交通圈以及都市区一小时通勤圈等，不断地推进深港、珠澳之间的跨界无缝衔接，推动非邻接地区口岸建设和创新口岸管理方式等。2010年，粤港澳三地政府联合制定《环珠三角宜居湾区建设重点行动计划》，进一步落实上述合作事项。通过行动计划，在土地利用、海域开发、功能布局等方面进行合理的引导，将环珠江口建设成为生态核心、产业核心、交通枢纽，以及多元文化融合区域。

3. 2011~2014年，以宏观经济战略为依托的区域整合

在政府协调和市场组织的共同作用下，以《内地与香港/澳门关于建立更紧密经贸关系的安排》为基础，粤港澳进一步需要签署合作更密切的补充协议，将粤港澳之间基本实现的服务贸易自由化协议扩展至整个内地，促使粤港澳区域作为一个整体呈现出空前的密切性。对于日益加深的三地合作的迫切需求，协调机制的改善尤为重要[131]。2014年，广东自贸试验区成立以来，粤港澳的合作更进一步，形成以宏观经济战略为依托的区域整合。在深圳市地方政府工作报告中，提到了湾区经济的作用，表示要以湾区经济促进新的发展，形成对外开放发展的新格局，深入推进粤港澳区的地域合作。

4. 2015~2017年，粤港澳大湾区正式成立

2015年，粤港澳大湾区出现在《推动共建丝绸之路经济带和21世纪海上丝绸之路的愿景与行动》中。2016年，国家"十三五"规划纲要正式提出要推动粤港澳大湾区和跨省区重大合作平台建设。同时，国务院关于深化《泛珠三角区域合作的指导意见》要求以粤港澳大湾区为引领，形成珠江和西江经济带，推动沿线地区发展，并辐射至东南亚的重要经济核心区。2017年，政府工作报告中提出建设粤港澳大湾区，至此，粤港澳合作上升为国家发展战

略，并从设想进入实践阶段。开始启航的粤港澳大湾区，既要进一步增强粤港澳互补性功能合作的既有区域一体化模式，也要在新时代中国特色社会主义的发展战略中，实现更远大的目标。一方面，通过发挥粤港澳三地优势建设密切的社会经济合作关系，并通过创新驱动引领区域取得更强的竞争优势，形成中国经济发展的重要一环；另一方面，通过制度创新形成资源要素的自由流动，通过平台搭建帮助港澳更好地融入国家发展大局。

粤港澳大湾区的建设并非一日之功，在梳理粤港澳大湾区发展历程的同时，形成一个初步的认知，以此为基础寻找研究问题的规律或原因，并作出初步的推测性意见和假定性解释，实现后续研究的有序推进。

3.2 粤港澳大湾区的空间格局

粤港澳大湾区位于中国东南部，珠江下游，濒临南海，被称为中国的"南大门"。珠江水道宽广，水系发达，岛屿众多，内有五分之一的面积为星罗棋布的丘陵、台地，形成相对闭合的"三面环山、一面临海、三江汇合、八口分流"的独特地形地貌，具有优越的山水格局和生态禀赋。

3.2.1 空间区划

粤港澳大湾区内部是由西江、北江共同冲积而成大三角洲与东江冲积成的小三角洲所共同组成的区域。根据《粤港澳大湾区发展规划纲要》，区域包括2个特别行政区（香港、澳门）、1个国家中心城市（广州）、2个经济特区（深圳、珠海）、6个地级市（佛山、东莞、惠州、中山、江门、肇庆），共11座城市。其中，包含了57个市辖区、5个县级市、7个县、8个片区、10个分区组团，拥有5.6万 km² 的国土面积。粤港澳大湾区面向中国南海，包含众多海湾，其中核心海湾是珠江口外最大的喇叭形河口湾（伶仃洋）。

本书研究结合粤港澳大湾区的社会经济内涵及其地理环境特征，选择以伶仃洋海湾为中心，在此基础上分别以龙穴岛南端为顶点，海湾东西岸为切线画圆，圆心的位置坐标大致位于北纬22.45°、东经113.74°，距离湾海岸线约15km（图3-2）。根据测算后的海湾中心点，在地理空间上可以看到：距离中心点60km范围内，有位于湾区入口东西两侧端点的香港、澳门，以及北侧广州的南沙；东侧的深圳及东莞的虎门、长安；西侧的珠海、中山。这些地区均位于湾区的核心圈层。其中，广州南部、东莞西部区域虽然都与海湾相连，但是主城区位置距离在60～90km范围，与佛山、江门主城区一起位于中间圈层。其余城市，惠州、肇庆及江门辖区的大部分县市则位于外部圈层，惠州、江门处于南部滨海区域，而肇庆则处于

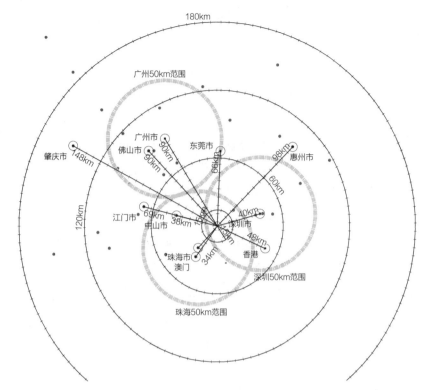

图3-2 粤港澳大湾区空间格局

最北端，地形以山地丘陵为主。无论各城市的区位如何，粤港澳大湾区成立的核心思路是协同，本质是区域一体化发展，即在这一特定的空间范畴，综合考虑地区整体层面的深度融合，体现出进一步开放发展的战略意图。

　　粤港澳大湾区范围的划定是中国积极参与全球经济合作与竞争，努力打造多元化、多层次城市群的重要空间载体。它的提出与建设不仅是在国家层面大力支持港澳发展、推进深度融合的手段，也是为了应对全球化转型所带来的负面影响，应对全球紧缩产生的地区竞争加重的现实问题，其重要性不言而喻。香港、澳门的加入提升了珠江三角洲的整体实力，其规划层级、基础设施、经济总量，以及人口规模和密度等也随之发生改变，达到与旧金山湾区、纽约湾区、东京湾区体量能级相当的第四大湾区。同时，珠江三角洲出海口及东、西海岸线绵长，地理环境优越，无论是地理纵深还是交通条件，粤港澳大湾区都已经具备了建设世界能级战略空间的重任。

　　粤港澳大湾区的空间格局特征可以从两个方面体现。首先，解决了空间关系的制约。进入21世纪，中国已成为世界制造业工厂，而珠江三角洲是制造业的首选地，随着经济发展的转型，粤港澳合作从当初的"前店后厂"进入全新的发展阶段，中国的区域经济发展战略需要以环珠江入海口整个区域的空间尺度为背景综合考虑。因此，粤港澳大湾区建设的关键不仅仅是"湾区"，更应该注重"粤港澳"[132]，三地的合作与共建是问题的核心和实质。区域融合是整体空间发展的主旋律，而空间关系的重塑是粤港澳大湾区去除空间实践矛盾的应对措施，具体由事项合作转向系统的制度性构建、跨地关系由生产链共建转向优质生活圈共享、经贸协作转向协同创新，不断促进空间要素的充分流动。其次，应对全球与区域环境的变局。20世纪90年代开始进入全球化发展，世界格局产生了决定性的结构变化。资本与其他要素的全球范围流动改变了各国产业结构，产生了新的国际秩序，进而影响各国政府的政策制定，这种情况又进一步促进了资本、商品、技术等要素的跨国界流动。但如果全球化出现逆周期，世界发展亦会随着全球经济紧缩，向限制这些流动的方向转变。粤港澳大湾区作为国际上的重要节点，也是21世纪海上丝绸之路的重要枢纽，其发展建设的目的之一便是应对转型阶段的经济重新定位以及随之进入的内外循环战略。就总体发展水平看，粤港澳大湾区与纽约、旧金山、东京三大湾区有着一定的差距，但在体量上已经是世界级水平。随着大湾区时代的到来，加强区域协调治理机制的建设、加强空间整合、引导经济产业升级、重点推进区域基础设施和生态环保的联合治理，将会成为世界经济的重要增长极。

粤港澳大湾区若要在相互竞争中求得循环发展，就需要以利益和效益为目标，选择适合其发展的最优空间格局。其根本目的在于保障生产、生活的有效循环运行，形成空间上的适配，以及有序的空间规模等级，最终成为整体性、动态性、开放性、层次性的有序稳定的空间体系。

3.2.2 海湾岸线

粤港澳大湾区是大陆和海洋各种自然过程相互作用的地带，包括大部分的珠江三角洲和部分大陆架，其上边界为大陆受海洋影响的外围，下边界为大陆河川径流及其所挟带的泥沙、营养物质和污染物质明显扩散的范围，即海洋受大陆有效影响的界限。海陆两种类型的地理因素相互作用的结果，使海岸带地理环境结构成为不同于单纯陆地或海洋的海陆之间的过渡地带，具有独特的海岸带地理系统和生态系统[133]。在《中国海湾志》中，粤港澳大湾区海岸线长达1512.18km，约占广东省海岸线的36%，拥有着优良的水资源和海洋能源，以及沿岸的植被、海滩等旅游资源。在区域内拥有海岸线的共有9座城市，分别为香港、澳门、广州、深圳、东莞、惠州、珠海、中山、江门，其中人工海岸线占到了60.34%[134]。在漫长曲折的海岸线上，众多岛屿、海湾星罗棋布，尤其在海湾内和口门外侧分布着众多海岛，沿岸海岛共有433个，面积在500m²以上的就有381个。同时，由于海岸线及沿岸地形的多变、海湾尺度的差异巨大，在较大类型的海湾之中，还嵌套着更小的海湾，例如在珠江口的伶仃洋湾区，包括着深圳湾、赤湾、前海湾、大铲湾等。沿海众多海湾中最主要的有6个，由东北向西南分别为大亚湾、大鹏湾、伶仃洋湾、黄茅海湾、广海湾及镇海湾，分布状况如图3-3所示。根据成因，海湾类型主要为河口海湾和基岩侵蚀海湾两种。

1. 河口海湾

粤港澳大湾区是由珠江水系运送来的泥沙在河口不断堆积，从而形成的复合型三角洲，产生了形态各异的河口型海湾。主要有三个河口湾，分别为伶仃洋、黄茅海与镇海湾，其

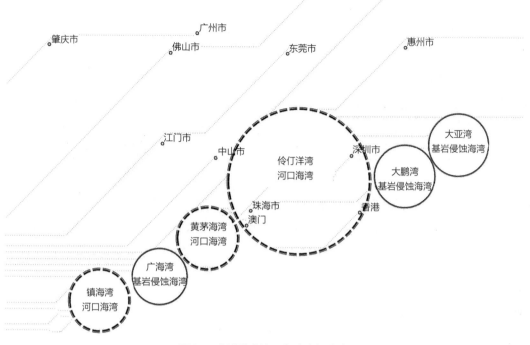

图3-3 粤港澳大湾区海湾空间分布

中，伶仃洋是粤港澳大湾区最大的河口湾，亦是该区域的核心海湾，呈喇叭形。粤港澳大湾区内拥有西江、北江、东江与支流绥江、潭江、增江等河流水系，这些纵横交错的河口段水道形成了独特的河网结构，也影响着海湾地形地貌的改变。珠江口的河网水系可分成8个大的出海口门，自东向西分别为虎门、蕉门、洪奇沥门、横门、磨刀门、鸡啼门、虎跳门和崖门。已有研究指出各口门分属不同的河流系统，虎门为珠江出海口，其主要水系有东江、流溪河以及部分北江水；蕉门与洪奇沥门的主要水系有北江干流水，以及部分西江水；横门是西江的东部出海口；磨刀门是西江干流的出海口；鸡啼门与虎跳门则是西江的汊道出海口；崖门主要是潭江的出海口，部分是西江水。各河流的流速、水量与含沙量大小不等，有着较大的差异，由大到小为西江、北江、东江、流溪河，各自占珠江水量的78.2%、12.8%、8.5%和0.5%。因此，西江与北江的出海口门，如蕉门、洪奇沥门、横门、磨刀门与鸡啼门的水道河流动力较强；而东江出海口的虎门，以及潭江出海口的崖门河流动力较弱。水系动力差异造成形态各异的口门，虎门、崖门两处形成了喇叭形河口，口内的潮汐作用显著，其余出海口的口门顺直，形成了口门外的砂坝发育，潮汐影响力明显减弱[135]。

粤港澳大湾区高速发展的城镇化给河口海湾带来了极大的冲击，由于大面积围地填海、航道疏浚和海砂开采等人为开发活动的存在，导致海湾的地形地貌近几十年发生了较大变化。较多的口门也造就了河口湾内众多的港口，如深圳港、珠海港、东莞港、广州港、中山港、珠海港、江门港等[136]。由此，也形成了河口海湾数量众多的航道，例如：伶仃洋海湾内航道有深圳港的铜鼓航道、珠海港的九洲航道、广州港的出海航道、中山港的横门航道等;黄茅海湾内航道有崖门出海航道,分东西两条;镇海湾位于台山市西南部,是那扶河的出海口,而镇海湾航道是台山市的一条重要水上进出口通道。

2. 基岩侵蚀海湾

基岩侵蚀海湾的形成是由于海岸线地质构造的运动作用,众多的基岩侵蚀海湾发育过程中受到原生地形的影响,在海湾的形成初期呈现出口小腹大的半封闭状态,而围绕海湾的轮廓线和呷角有效地阻挡了外海波浪,从而使得整个海湾内受到的影响以潮流作用为主,大亚湾、大鹏湾与广海湾就属于这一类型[137]。其中,大亚湾位于惠州市南部,海湾沿岸多为山地丘陵,海湾岸线轮廓曲折多变,在海水侵蚀的作用下形成大湾套小湾的近岸水域形态。大亚湾作为粤港澳大湾区沿海条件优良的基岩侵蚀海湾之一,湾内自然生态条件优异,水产丰富,是中国滨海水产资源繁殖重要保护区。同时湾内水深不淤,可以建设大型深水港口。大鹏湾位于深圳市东部,在大鹏半岛与香港九龙半岛之间,东、北、西三面环山,湾口朝东南,为一半封闭型海湾,滨海岸线长约65km。与紧邻的大亚湾自然环境类似,沿岸多以山地丘陵为主,植被茂密,湾内岛屿众多,自然环境优越。广海湾位于台山市,地处粤港澳大湾区内圈层与外圈层交汇的地区,拥有优越的海岸线资源。其中有潭江水流入广海湾,造成湾内滩涂面积大,滨海岸线曲折多变,相对于其他海湾总体上开发程度较低。

3.2.3 大湾区与粤东、粤西、粤北

广东省简称"粤",下辖21个地级市,分为四个区域,除珠江三角洲九市以外,还包括粤东四市(潮州、汕头、揭阳、汕尾)、粤西三市(湛江、阳江、茂名)和粤北五市(韶关、清远、云浮、梅州、河源),具体的地理分布如图3-4所示。从广东省来看,多以山地丘陵地貌为主,山地多分布于粤东、粤西、粤北,其主要山脉走向多以"东北—西南"为主,例如斜贯粤东北、粤中,以及粤西的罗平山山脉。此外,粤东和粤西有少量"西北—东南"走向的山脉,形成生态屏障紧紧环绕在珠江三角洲周边。正是由于这一天然的地理优势,创造了优越的先天条件,成为人口密集、经济发达的珠江三角洲区域,而粤东、粤西、粤北三地在珠江三角洲的虹吸效应下,长期处于边缘状态。

广东省空间格局从"山区—海洋"两大板块的划分,转向"粤东、粤西、粤北和珠江三角洲"四大区域划分的变化,虽然划分思路仍然是基于地理空间上的差异,但却更具有针对性。改革开放至20世纪90年代,山区与海洋板块的划分方式,注重的是广东省在自然资源禀赋基础上所形成的地域性差异。反映在经济特区、沿海开放城市的成立与建设,进而广东省社会经济发展逐渐呈现出两者的巨大差异。这一时期,广东省经济总量在外向型经济快速发展的带动下升至全国首位,但是内部山区与海洋板块差异非常明显,山区的发展更依靠于扶贫开发。这种划分概念在改革开放不断深入的情况下,已不能形成较好的地区发展思路,而除珠江三角洲以外的其余地域更需要形成次中心城市的带动发展。因此,粤东、粤西、粤北

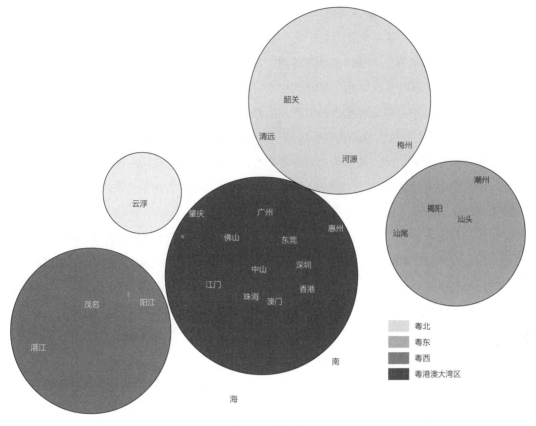

图3-4 空间区划

概念的提出，有利于珠江三角洲以外区域的发展建设，是广东省完善城镇体系构建的现实需要。进入"十一五"期间，广东省发展开始面临转型升级，这一时期"双转移"与"腾笼换鸟"是区域发展的主要政策。与两大政策同期出现的四大区域发展战略体现出广东省的整体发展意图，希望打造成珠江三角洲核心区域发展优化、东西两翼产业振兴、北部山区生态保育的新空间格局。"十二五"规划以后，区域整体的发展开始在"产业转型升级"的基础上，更进一步转向"城市转型升级"，珠江三角洲与粤东、粤西、粤北地区的发展策略逐渐由单一的产业带动转向更加综合的城镇化，其间也不断加深了对于珠江三角洲与粤东、粤西、粤北发展差距根源的了解。

随着粤港澳大湾区的设立与发展，整个区域的空间格局又一次成为讨论的议题。显而易见，粤东、粤西、粤北地区与粤港澳大湾区在规模能级、地理位置、自然环境、人力资源、经济基础等方面存在较大差异，往往在发展中扮演承接粤港澳大湾区产业溢出或者生态屏障的作用。但是粤东、粤西、粤北地区在漫长的历史发展中形成了丰富的文化资源，诸如客家文化、雷州文化、潮汕文化以及红色文化等，且生态资源潜力巨大。可以说，粤港澳大湾区与周边地区存在着相辅相成、相互促进的良性发展基础。然而，就目前粤东、粤西、粤北与粤港澳大湾区的发展来看，整体差距并没有本质上的改善，未来的发展还需更大的努力。

1. 粤港澳大湾区与粤东、粤西、粤北的经济发展

四大区域的经济发展存在着较大差距，粤港澳大湾区作为全国经济最发达的区域，远远领先于粤东、粤西、粤北。2018年，粤港澳大湾区生产总值11.39万亿元，占到四大区域总产值的85%以上，而粤东、粤西、粤北的生产总值仅为0.67万亿、0.75万亿和0.59万亿元。其中，香港、广州和深圳三座城市的生产总值最高，总额分别达到了2.85万亿、2.29万亿和2.42万亿元，三者生产总值总额占整个区域生产总值总额的一半以上，而云浮、汕尾的生产总值总量尚未突破千亿元。从生产总值分布（图3-5）可知，区域经济重心集中在粤港澳大湾区，而东翼的揭阳与汕头、西翼的茂名与湛江组成了区域左右两个经济副中心，由粤港澳大湾区与粤东、粤西、粤北相连，共同组成海岸经济发展轴。

若从经济发展增速来看（图3-6），2012～2018年，整个区域内各地区的相对态势基本一致，但是在2017年粤东地区生产总值的增长率降低，而粤港澳大湾区与粤西地区则保持上升。而这种变化在2018年又有了不同，包括粤东在内，其余三地增速均有所下降，以粤北地区的下降幅度最为明显。另外，从各城市统计数据中可以得出，澳门在2015年甚至出现了负

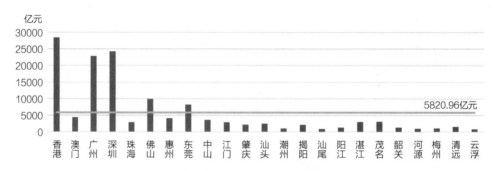

图3-5 2018年生产总值分布统计

（资料来源：笔者根据《广东统计年鉴》整理）

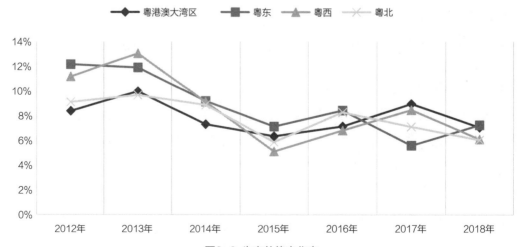

图3-6 生产总值变化率

（资料来源：笔者根据《广东统计年鉴》整理）

增长，总产值较2014年减少了18%。而其他22个城市可分为三个发展梯队：香港、广州、深圳为第一梯队；东莞、佛山为第二梯队；剩余城市为第三梯队。

2．粤港澳大湾区与粤东、粤西、粤北的人口发展

相对于经济发展，整个区域的人口分布差异相对较小，截至2018年，广东省21个地级市与港澳的常住人口总量为12160.99万人。其中，粤港澳大湾区的常住人口总数达到7115.98万人，占到总数的一半以上，粤东、粤西、粤北人口数量分别为：1731.81万、1620.08万和1668.12万人，后三个地区的人口体量大致相当。同时，人口分布较生产总值而言集中度也较低，总体分布上以广州、深圳为主，粤西的茂名和湛江、粤东的揭阳和汕头人口也都较为稠密，构成了三大人口聚集区（图3-7）。

通过近几年的数据统计，粤港澳大湾区的人口增长率一直在上升，粤西和粤北的人口数量变化不大，虽然有所增加，但涨幅较小，而粤东地区则有起有落。从城市层面来看，广州、深圳、珠海、佛山、澳门是整个区域内常住人口增长率最高的五个城市，但是澳门的

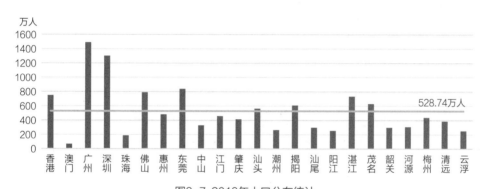

图3-7 2018年人口分布统计
（资料来源：笔者根据《广东统计年鉴》整理）

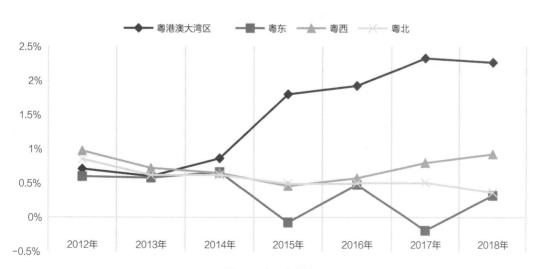

图3-8 人口变化率
（资料来源：笔者根据《广东统计年鉴》整理）

变化幅度较大，从开始的4%增幅到2016年的负增长，再逐渐升高到2018年的2.19%。惠州、中山、茂名为第二梯队，剩余城市为第三梯队，增长率普遍在1%以下。另外，广州和深圳近几年年均人口增长量突破30万人，是拉动粤港澳大湾区常住人口增长量的第一增长极，佛山、珠海、茂名增长量稍低，年均人口增长量在10万人左右，其余城市则变化不大。

综合来看，这四大区域社会经济差异化显著，其原因来自于地理区位、人文历史、政策与产业结构等一系列因素，使得区域内呈现出明显的"梯队化"发展。粤港澳大湾区作为国家新的战略空间，其发展不应只是珠江三角洲地区的参与，粤东、粤西、粤北地区需要借助这一契机，主动融入粤港澳大湾区的发展与建设中，在体现自身特色优势的同时，进行互补发展并积极承接湾区的外溢项目，加快地区的社会经济发展。

3.3 粤港澳大湾区的独特性

3.3.1 文化根基

文化是一个国家、一个民族的灵魂。纵观粤港澳大湾区发展历程，文化的演进与社会的发展两者之间有着特别明显的对应关系，总体上，粤港澳三地同宗同源、同文同种，文化传统同属岭南文化。而"粤语""粤剧""粤曲""粤菜""广绣""广彩""广雕""岭南画派""镬耳屋""岭南园林"等人们熟知的粤文化（亦称为广府文化），是中华文明的重要组成部分，从属于岭南文化，在岭南文化中影响最大，在各个领域中常被作为广东汉文化的代称。可以说，本书中所指的粤文化是更聚焦于珠江三角洲的一个地域文化，因此粤港澳大湾区文化根基属于同质文化，建立于珠江三角洲地区，并深受中华文化和岭南文化影响。

随着粤港澳大湾区的成立，其建设不仅要在区域经济发展层面进行考虑，也需要从文化内涵层面出发，体现在思想和意识领域。文化是区域一体化发展的"软实力"，在文化共建的基础上实现世界级人文湾区的定位。以具有相当国际影响力的粤文化来统筹更加广义的文化建设、交流与传播工作，形成一种湾区合力，引导大湾区可持续地走向更高水平的国际化，有助于形成并发挥跨制度的资源整合，并强化文化自信的共鸣效应。文化的凝聚作用是一种潜在的动力，能使粤港澳大湾区这一个空间聚合体具有除经济增长之外的社会内涵，以及在全球化语境中形成具有相当地方性乡愁联系的文化积淀[138]。在这一过程中，主导社会发展的文化特征将会成为一种范本，成为他者向往的目标[139]。但目前主导粤港澳大湾区主流文化模式的竞进过程中，出现了部分的碎片化，反衬到大湾区文化体系内便是精神以及意识形态的解构。就文化融合而言，更需要的是一种在体制差异、观点迥异背后的稳定文化谱系和价值体系。"文化融合"不仅存在于异质文化与本土文化的融合，同时也存在于同质文化圈层内部的融合。

1. 文化认同

文化认同是建立在具有意识的、具体的文化构型基础上的普遍性认同，也是具有自知之明的文化自觉[140, 141]。结合这一观点，把粤港澳大湾区建设成为文化标杆，形成具体的特定文化根基，就是新时代的文化认同。这种文化认同体现在建设过程中，一方面要实现文化创新，发展文化产业多样化；另一方面要坚定文化自信，正确树立大湾区标识，自信展现大湾区形象，充分释放大湾区魅力，鲜明呈现大湾区特色，不断增进对粤港澳大湾区的文化认同。借此提升以文化为纽带的粤港澳三地合作水平，提升粤港澳大湾区的统合力和凝聚力，弘扬文化自信，在着力保护湾区中历史建筑与传统文化的同时，发挥开放包容的特点，创新打造文化品牌与文化活力。因此，文化认同有助于协同粤港澳大湾区融合发展，以高度的文化认同去解决大湾区融合过程中存在的障碍，实现大湾区的制度契合、社会和合与文化融合，推进新大湾区文化的创生发展。

2. 情感认同

当今时代，随着国际经济低迷，一些国家和地区的传统文化断裂。面对这样的时代问题，粤港澳大湾区在肩负"一带一路"建设使命的同时，需要守护传统文化，弘扬民族精神，增强包含大湾区人员身份认同、历史认同在内的情感认同，让处于相同文化社群中的人们彼此拥有共同的文化、语言和历史，正是这些东西规定了他们的文化成员身份[142]。同时，情感的内在特性植根于人类的本质力量，粤港澳情感认同既存在有利条件，也存在障碍因素，这些阻碍显示出不同的内在特性，然而粤港澳三地拥有相同的"文化成员身份"，这也正是大湾区文化融合的情感纽带。文明的交流互鉴、文化的多元共生、发展的包容共进是互相适应、高度一致的关系，它对推进大湾区情感认同极富指导意义。

总之，粤港澳大湾区的文化融合，是充分发挥粤港澳整体优势，深化内地与港澳交往合作，加强粤港澳大湾区对于国家社会经济发展和内外联系中的支撑引领作用，是粤港澳在精神与物质、社会与经济等领域消除阻碍、促进交融互通、实现综合利益的需要，是大湾区人民获得感、幸福感、安全感得到充实、丰富和提升的需要。

3.3.2 "一国两制三区"

粤港澳大湾区的行政割裂明显地有别于全球其他湾区，"一国两制三区"。即，"一个国家、两种基本制度、三个关税区、三套法律体系、三种流通货币"，这一特点也导致了区域的参与主体、协调策略、实施机制等更为复杂多变。其中，珠江三角洲地区九市属广东省境内，实行国内的法律和行政管理体制运作；香港、澳门是特别行政区，高度自治，享有各自的立法权、司法权、行政管理权以及货币发行权。同时，三地的关税区各自独立，港澳作为自由港，相比内地省市其政治和经济上都享有更大的管理权、自主权和决策权。因而，粤港澳大湾区面对的不仅是行政区划和地理空间的边界，也包含不同政治与经济制度的边界。由此形成巨大的行政分割，造成了该区域市场的割裂，无论是资本还是劳动力均未能形成一个共同的市场，这既预示着粤港澳大湾区的融合将会面对巨大的阻力，也意味着未来一体化的难易程度。

1. 行政体制不同

粤港澳大湾区作为一个完整的区域，内部却含有多重行政架构，并存在着跨境区域。其中，特别行政区是香港和澳门，副省级市包含广州和深圳，其他城市则为地级市，而深圳、珠海作为经济特区拥有着较高的权限。这种多中心与多重行政的构成特征在一定程度上造成了区域协调发展的难度，港澳与其他九个城市最主要的差别在于行政权力机构的区别、行政等级结构的区别和自主决策权力的区别。这些区别导致了港澳与其他城市在制定决策的机构、程式、效率和权力上都存在不同。而三地实际权力的不对等，会导致合作过程中很多事情难以最终决定，也无法顺利找到合作对口的机构，这也限制了合作推进的效率和灵活性[143]。同时，在经济发展方面香港特区政府实行"积极不干预政策"。在这种体制之下，一方面，香港产生了有利于经济发展的制度环境，成为世界级的金融高地；另一方面，香港特区政府只能成为"有限政府"，不能通过直接参与经济活动和干预市场来主导经济发展的方向。而内地虽然在改革开放之后市场经济日渐成熟，但各级政府仍以"有为政府"的姿态参与经济活动。其制定的各个"五年计划"以及政策法规上的转变，都对经济发展的方向具有一定的带动作用。因此，在推动粤港澳融合发展的过程中，内地政府的主动权大、行动力强而限制较少，对经济发展项目和体制的推行效率较高。相比之下，港澳政府的掣肘较多、效率较低，从而造成了两地合作的不匹配。在"一国两制"的状态下，多级别的主体使得整个区域的协调发展面临众多障碍，发展规划实施效率不高，亟须建立科学的管理机制，以及中央政府在区域管治方面起到更为重要的协调作用[144]。

2. 司法体系差异

根据"一国两制"的规定，我国香港和澳门拥有独立的司法体制。其运作模式与内地的司法体制有着相当大的差异，二者分属海洋法系及大陆法系，两者之间的差异导致司法判决和法律规定都存在一定的差异[62]。三地的司法制度差异，法律语言的不同，也为双方的沟通设置了障碍，在一定程度上制约了行业的发展和人员的交流，从而阻碍了港澳与内地的进一步融合。尽管回归后，港澳政府努力推行双语立法、双语司法，以及翻译以前英文版法律规则、判例，但英文、葡文与中文之间有许多词汇很难找到对应的关系[145]，这就使得粤港澳三地在政治和法律对接方面存在一定的难度。粤港澳之间的边界既不同于国与国间的边界，亦有别于一个国家内部行政区划的边界，在国际上现有的区域治理也仅仅涉及单纯的跨境合作，或境内的区域协作，缺少可用于粤港澳大湾区合作的发展经验。

3. 参与主体不对等

港澳特别行政区直辖于中央人民政府，其行政地位等同省、自治区、直辖市，即粤港澳三地在全国的行政区划结构中处于相同层次。但是在具体开展合作的过程中，实际参与主体之间不对等状况经常出现，这很大程度上影响了合作的有效性[132]。例如，在粤港澳开展合作的过程中，合作项目经常涉及环境治理、商贸投资、产业升级、基础设施建设以及跨境福利、教育、医疗等，需要地方政府的直接参与配合才能发挥良好效果。然而，无论是高层联席会议，还是专责小组，在广东省内的市级政府中，通常只有广州、深圳、珠海三市参与，难以调动项目积极性。尽管随着区域一体化发展的推动，粤港澳三地的合作框架逐渐成形，很多纲领性协定也已经签署，但目前也基本上停留在了框架阶段，很多地方并未落实[146]。原因在于不同地方的利益诉求过于纠缠一些利益归属，或是因为签订的纲领中对落实问题考虑不够，在一定程度上造成了这种实现困境。同时，在很多行业方面，表现出标准迟迟无法得到衔接，限制了人才的交流和合作。如，目前三地政府对建立粤港澳金融共同市场的试验区已经达成共识，珠海横琴岛和深圳前海地区都定位为金融合作区，但其具体的发展方向、功能分工都还不明确，面临着很多竞争甚至利益冲突。这不仅与地方的政策制定和行业保护有关，也显示出与各地对既有利益的关注，而忽视长远利益的不愿改进有关。

简而言之，粤港澳大湾区的建设与发展不可避免地需要面对"一国两制三区"的影响。改革开放40多年，这种体制差异在一定程度上推动了区域的互补型发展，但是随着合作加深，一系列阻碍区域协调发展的棘手问题也由此衍生。这些制度影响下的区域协调问题涉及行政、司法、关税等多个层面，关系到粤港澳三地之间、港澳和广东省内各区域各部门之间、不同条块之间的协调，这是粤港澳大湾区与其他湾区的最大不同，也是粤港澳大湾区这一区域概念背后蕴含的最大潜能所在。粤港澳大湾区作为服务"一带一路"建设的重要战略支点，是中国改革开放的前沿阵地和重要的对外开放窗口，其存在的使命是通过高标准、国际化的现代经贸制度将粤港澳更加紧密地联成一体，彻底在大湾区内实现金融国际化、投资自由化、贸易便利化，这与"一带一路"在更高水平、更大范围、更深层次展开多种合作，打造开放、包容、普惠、均衡的新型战略目标相符合。

第 4 章 | 粤港澳大湾区国土空间资源与空间形态

粤港澳大湾区正在发生着巨大的变化，不同地域的职能分工，空间要素的流动、组合、分化，决定了发展的资源利用特征，空间形态恰恰能够清晰地呈现出这一变化的推进过程。可以说，粤港澳大湾区的空间形态以其独特的方式记载着区域发展的历史轨迹，通过空间的资源利用、扩展特征、紧凑度和分形趋势等方面的分析，探讨自然环境、历史演进、规划管理及政策制度等多因素的相互作用。

4.1 空间的利用

4.1.1 空间类型

2015年，中共中央、国务院印发《生态文明体制改革总体方案》，提出要以空间的治理和优化为核心内容，全国统一、分级管理、相互衔接的空间规划体系。随后，党的十九大明确要进行划定"城镇开发边界""永久基本农田""生态保护红线"三条控制线的工作，并且要持续加大生态系统的保护力度。2019年5月自然资源部发布了《全面开展国土空间规划工作的通知》，其中省级国土空间规划审查要点包括：主体功能区划分、城镇开发边界、永久基本农田、生态保护红线等情况。其中，划定"城镇空间–城镇开发边界""农业空间–永久基本农田保护线""生态空间–生态红线"组成的"三区三线"是国土空间规划的基本内容[147]，界定"三区三线"，是协调自然资源、科学保护与合理利用的基础，是确保永续发展的重要措施。"三区"主导功能区的划分，"三线"则侧重边界的刚性制定，"三区三线"的目的是要服务于全域全类型国土空间的用途管控，管制核心要由单要素保护向山、水、林、湖、田、草等全要素保护转变。由于土地资源利用的现状调查结果是"三区三线"划定的重要依据，本书在参考《地理国情普查内容与指标》GDP J01—2013[148]、《土地利用现状分类》GB/T 21010—2017[149]、《城市用地分类与规划建设用地标准》GB 50137—2011[150]，以及中共中央办公厅、国务院办公厅《省级空间规划试点方案》（厅字〔2016〕51号）[147]的基础上，并结合研究目的对空间资源进行如下分类（表4-1）：

空间资源类型划分 　　　　　　　　　　　　　　　　　　　　表4-1

序号	空间类型	土地利用	备注
1	城镇空间	建设用地	居住、交通、公共服务与工矿仓储等用地
2	生态空间	生态绿地	天然林地以及面积大于1km²的城市绿地等
		自然水体	天然的河流、湖泊，以及人工水库等
3	农业空间	田地	农田、菜地及苗木生产等用地
		养殖水面	进行水产养殖的用地
4	其他空间	未利用地	裸地、荒地等

资料来源：在国土空间"三区三线"的基础上，综合研究内容整理所得。

（1）城镇空间：作为度量粤港澳大湾区发展演变的核心指标，是承载城镇居民生产生活的国土空间，具体有城镇用地空间、基础设施用地空间、工矿用地空间以及乡级政府的用地空间。

（2）生态空间：本身具备自然属性，以给予生态产品或生态服务为功能的国土空间，结合本书研究内容包含自然生态，或生产与生活中占有重要地位的生态绿地与水体，其中生态绿地不仅包含自然林地，也包含在建成区内大于1km²的城市绿地。

（3）农业空间：以提供农产品生产为主体功能，承担农村生活和农业生产的国土空间，结合湾区具有大量的水产养殖和苗木生产的特殊性，主要为农田、菜地、苗圃以及水产养殖用地。

（4）其他空间：主要包括一些无植被覆盖的裸地和未利用的荒地，且主体功能欠缺的国土空间。

4.1.2 空间资源利用

粤港澳大湾区国土空间总规模约为56094.48km²（陆地面积），根据2018年的行政区划（图4-1），其中：广州7434.4km²、占比13.25%，深圳1997.47km²、占比3.56%，珠海1736.46km²、占比3.1%，佛山3797.72km²、占比6.77%，惠州11347.39km²、占比20.23%，东莞2460.08km²、占比4.39%，中山1783.67km²、占比3.18%，江门9506.92km²、占比16.95%，肇庆14891.23km²、占比26.55%；两个特别行政区分别为香港1106.34km²、占比1.97%，澳门32.8km²、占比0.06%。湾区内各城市的国土空间规模差异较大，在区域的发展中也扮演着不同的功能角色，这也直接导致不同类型空间在不同时期的城镇化进程中表现出不同的特征。

1．空间资源解析

快速的城市化使得粤港澳大湾区人多地少现象非常突出，生物多样性富集的区域往往也是生产生活所集中的区域，各个类型的空间相互交错，而用地的分类与空间范围的划分往往与实际相矛盾。为反映空间使用的实际情况，国土空间资源利用的识别采用监督分类的方法，对遥感影像的解析以及用地分类的执行采用ENVI软件。在用地样本选取的基础上，以不同波段组合的伪彩色影像作为解析对象，在分类过程中采用相应时期的高分辨率谷歌地球影像进行辅助，提高选择样本时的精确性。根据分类结果，粤港澳大湾区五个时期的空间资源利用情景如表4-2所示。

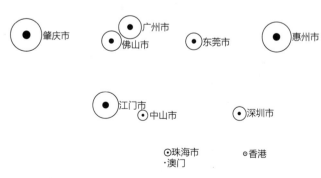

图4-1 粤港澳大湾区空间分布示意图
（资料来源：根据国家基础地理信息中心数据自绘）

粤港澳大湾区空间资源利用

表4-2

图	数据
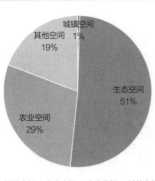	（1978年） 空间资源利用
	城镇空间 274.59km^2
	生态空间 28709.36km^2
	农业空间 16305.92km^2
	其他空间 10804.61km^2
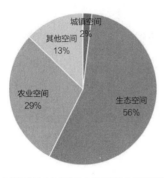	（1988年） 空间资源利用
	城镇空间 1094.76km^2
	生态空间 31218.01km^2
	农业空间 16511.86km^2
	其他空间 7269.85km^2
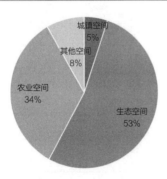	（1998年） 空间资源利用
	城镇空间 2859.79km^2
	生态空间 29665.14km^2
	农业空间 18886.5km^2
	其他空间 4683.05km^2
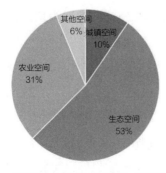	（2008年） 空间资源利用
	城镇空间 5481.82km^2
	生态空间 29698.61km^2
	农业空间 17291.64km^2
	其他空间 3622.41km^2

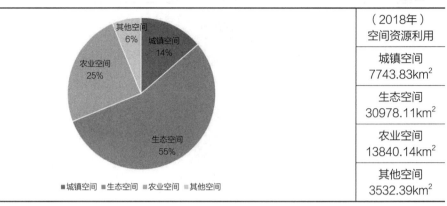

续表

（2018年）空间资源利用
城镇空间 7743.83km²
生态空间 30978.11km²
农业空间 13840.14km²
其他空间 3532.39km²

考虑到遥感影像的自动识别分类不可避免地存在误分、漏分的情况，在解译卫星影像后，利用分类混淆矩阵进行精度验证（表4-3）。从中可以看到，生态绿地与自然水体被漏分的比重很低，但田地的精度不高，同时在建设用地中，由于景观水体等用地与养殖水面类似，相互之间容易解析错误，从而分类结果使得城镇空间与农业空间存在一定的误差。综合来看，对于各类型空间的识别还是较为准确的，能够满足后续对于不同类型空间的分析解读。

空间利用分类混淆矩阵　　　　表4-3

		实际空间利用类型					
		建设用地	生态绿地	自然水体	田地	养殖水面	未利用地
分类结果	未分类	0	0	0	0	0	0
	建设用地	97.19	0	0	0.52	7.13	9.94
	生态绿地	0.51	99.98	0	19.65	0.21	1.57
	自然水体	0	0	98.77	0	1.07	0
	田地	0	0.01	0	72.16	0.11	0
	养殖水面	2.3	0.01	1.23	6.48	91.48	0
	未利用地	0	0	0	1.19	0	88.49

2．空间资源发展特征

经济高速增长、社会快速转型促使国土空间开发成为反映社会经济发展特征的首要因素，粤港澳大湾区经过改革开放后40年的快速发展，各类空间规模也发生着剧烈的变化（图4-2、图4-3）。对解析得到的空间利用数据进行统计可知，城镇空间的扩张强度最大，空间规模总量由1978年的274.59km²到2018年的7743.83km²，增加了7469.24km²，年均变化率达到8.71%。但与之对应的是农业空间的流失较多，主要是以农田用地的减少为主，与此同时，未利用空间有了较为明显的改善，由1978年的10804.61km²减少到2018年的3532.39km²。而规模最大的生态空间，除1978~1988年变化较多以外，其余时期变化率较小，面积均维持在3万km²左右，占到空间规模总数的50%以上（表4-4）。

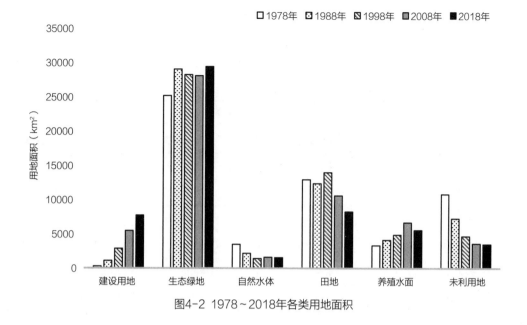

图4-2 1978~2018年各类用地面积

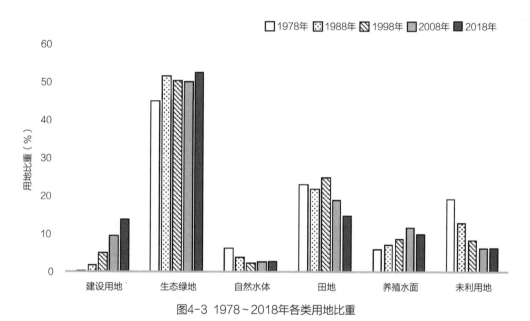

图4-3 1978~2018年各类用地比重

1978~2018年空间资源利用变化

表4-4

空间类型	土地利用	面积变化（km²）	年均变化率（%）
城镇空间	建设用地	7469.24	8.71
生态空间	生态绿地	4229.13	0.39
	自然水体	−1960.38	−2.03
农业空间	田地	−4689.86	−1.12
	养殖水面	2224.08	1.28
其他空间	未利用地	−7272.22	−2.76

通过空间资源利用类型转移矩阵可以更为直观地看出4个时序的空间资源利用变化情况（表4-5～表4-8），在对比分析中发现：

1978～1988年空间资源利用转移矩阵　　　　表4-5

		1978年空间资源利用（km²）					
		建设用地	生态绿地	自然水体	田地	养殖水面	未利用地
1988年空间资源利用	建设用地	252.17	57.07	159.08	297.26	93.88	235.91
	生态绿地	0	23303.39	345.47	1205.53	664.6	3450.47
	自然水体	0.05	121.24	1615.08	89.65	171.58	167.06
	田地	0	771.39	532.35	8844.17	865.8	1617.1
	养殖水面	0.65	409.06	641.89	1337.62	1106.89	664.96
	未利用地	21.73	564.96	204	978.11	478.48	4669.11

1988～1998年空间资源利用转移矩阵　　　　表4-6

		1988年空间资源利用（km²）					
		建设用地	生态绿地	自然水体	田地	养殖水面	未利用地
1998年空间资源利用	建设用地	988.15	339.62	92.57	715.99	214.13	506.24
	生态绿地	0.8	24186.47	308.11	817.97	635.25	2328.48
	自然水体	2.7	198.44	888.91	89.03	128.64	70.65
	田地	0.72	2681.24	194.5	7563.81	851.99	2694.92
	养殖水面	0.23	737.56	578.89	1102.78	1842.36	603.48
	未利用地	81.46	899.95	85.89	1951.58	372.84	1005.26

1998～2008年空间资源利用转移矩阵　　　　表4-7

		1998年空间资源利用（km²）					
		建设用地	生态绿地	自然水体	田地	养殖水面	未利用地
2008年空间资源利用	建设用地	2795.85	348.26	82.78	1107.45	226.94	918.26
	生态绿地	0.6	25982.65	163.99	811.71	120.22	955.84
	自然水体	1.7	234.5	805.76	144.69	341.02	41.81
	田地	4.18	770.33	54.39	7869.81	162.64	1799.27
	养殖水面	2.99	148.02	234.33	2327.71	3424.44	537.28
	未利用地	51.06	760.93	61.71	727.05	602.3	425.19

2008～2018年空间资源利用转移矩阵　　　　　表4-8

		2008年空间资源利用（km²）					
		建设用地	生态绿地	自然水体	田地	养殖水面	未利用地
2018年空间资源利用	建设用地	5045.04	183.02	52.02	399.81	312.41	1741.35
	生态绿地	60.99	26519.52	30.24	130.22	97.25	1918.96
	自然水体	1.96	152.94	1022.07	76.09	162.01	40.1
	田地	1.38	870.21	64.6	7580.02	302.77	19.17
	养殖水面	78.83	90.15	296.61	149.9	5006.31	9.26
	未利用地	270.14	565.09	231.59	1703.68	791.92	31.4

1978～1988年，改革开放逐步实现计划经济向市场经济的转型，空间资源的转化规模相应也较大，且大多集中在未利用地与田地，如：未利用地转为生态绿地的面积为3450.47km²、转为田地的面积为1617.10km²，同时珠江三角洲平原区域大量的田地又转为水产养殖用地，面积达到了1337.62km²。这是由于广东省人民政府相继颁布了《关于调整蚕茧生产资料补贴和超产奖办法的通知（1982年）》和《关于调整我省桑蚕收购政策问题的通知（1985年）》，作为政策补充政府不断增加对于基塘农业的补贴，其经济效应提高非常显著，因此生产的积极性大幅上升，也直接导致了这一时期农业空间的大量增加。与此同时，各类空间资源之间相互转化的数量都较多，从侧面反映出这一期间的空间资源利用较为混乱，缺少相应的规划及发展目标。

1988～1998年，由于经济和人口的推动作用，城镇空间扩张明显，规模增加了1765.03km²，是前一时期增加量的两倍有余，显示出这一时期空间的开发利用逐渐活跃。经计算，海湾东岸明显高于西岸，空间扩张集中在几个主要城市，如广州、深圳、东莞、香港。除此之外，根据表4-6显示，建设用地大量占用了珠江三角洲资源相对较好的林草地，使之变为待开发用地，同时河滩湿地向农业用地的转化也非常明显，面积达到2681.24km²。随后，在《中华人民共和国森林法（1984年）》《广东省森林管理实施办法（1987年）》以及《广东省生态公益林建设管理和效益补偿办法（1998年）》等办法、法规的影响下，森林覆盖率逐渐得到重视，对生态绿地的恢复起到了一定的促进作用，生态空间的保护和培育有了一定的改善，但主要集中在大湾区外围，有较多的未利用地被恢复成了林地，生态空间总体上有所改善。

1998～2008年，珠江三角洲处于经济和人口发展最为迅猛的阶段，对建设用地的需求大大增加，城镇空间扩张最为显著，扩张规模共计2622.03km²，以田地和未利用地向建设用地的转化为主，面积分别为1107.45km²和918.26km²。尽管各级政府相继推出了《关于进一步加强和改进耕地占补平衡工作的通知（2001年）》《广东省基本农田保护区管理条例（2002年）》以及《退耕还林条例（2002年）》等政策，但仍抵不过耕地、林地与建设用地之间日益增长的供需矛盾，生态空间与农业空间进一步减少，其中又以珠江三角洲平原尤为显著。其次，由于基塘农业的经济效益要高于耕地种植业，造成这一时期的田地大量转为水产养殖用地，转换规模为2327.71km²。养殖用地主要集中在佛山南海与顺德、江门新会、中山、珠海斗门等地，养殖水面占比在这一时期持续增长，到达10%以上。

2008~2018年，随着产业转型升级和城镇更新提质的开始，粤港澳大湾区的空间利用变化减小，城镇空间规模虽然继续增长，但增速放缓。另外，原国土资源部印发《关于切实加强耕地占补平衡监督管理的通知（2010年）》和《关于强化管控落实最严格耕地保护制度的通知（2013年）》，同时广东省国土资源厅印发《关于贯彻国土资源部农业部加强占补平衡补充耕地质量建设与管理意见的通知（2010年）》，促进了广东省各级政府对于农业空间的保护，不断完善了对农业空间占补的监督审查机制。随后广东省的"三旧"改造提上日程，对于国土空间利用的不断探索与创新，有效缓解了农业空间规模不断减少的现象。而减少的农业空间以养殖水面转化为未利用地为主，这一部分多分布于珠江西岸滨海地带，如珠海、江门等地，这一现象表现出大量的开发正在这一区域形成。与此相应，已有的未利用地则转为建设用地1741.35km²，转为生态绿地1918.96km²。

总之，空间资源的利用情况在这40年中发生了显著的变化，从以上分析可以看到，城镇空间与农业空间是变化速度最快的两种类型。一方面，改革开放初期工业化过程中，土地开发强度不断增强，"三来一补"促使乡镇工业发展迅速，小城镇在发展的同时农业空间不断被占用。另一方面，土地市场化促使城镇空间不断扩大，由此导致了土地开发强度不断增强，而农业空间则进一步缩小。但是随着宏观发展趋势以及发展政策的调控作用，2008年以后粤港澳大湾区的空间利用逐渐由无序开发转向了综合开发建设，生态空间得到越来越多的关注，空间发展的可持续性得到增强，空间资源的利用与管理不断变得科学有效。

4.1.3 空间资源分布

1. 城镇空间

城镇空间在改革开放后随着社会经济发展，规模迅速增大，并且由于环境区位、历史条件和社会经济发展程度的差异，粤港澳大湾区11个城市的城镇空间规模和比重有显著的差异（图4-4、图4-5）。首先，广州的城镇空间规模无论在哪个阶段都是所有城市中最大的，而深圳则是发展速度最快的，由改革开放初期城镇空间占比不到1%增长到2018年的49.91%。总体上，改革开放后经过40年的快速发展，广州的城镇空间规模等级位于第一阶层；深圳、佛山、惠州及东莞处于城镇空间规模等级的第二阶层；珠海、中山的辖区面积较小，但是与江门、肇庆的城镇空间规模相近，处于区域的第三阶层；而城镇空间开发较早，且最为成熟的香港和澳门，城镇空间规模扩展缓慢，尤其澳门，由于本身条件限制，城镇空间规模最小。其次，从城镇空间规模与其辖区面积的占比来看，澳门的开发程度最高，到2018年已经超过70%；深圳、东莞经过快速扩张，其城镇空间的比重在2018年均超过40%。与此相对应，1978年城镇化程度较高的香港，由于对建设用地的开发限制，直到2018年城镇空间占比

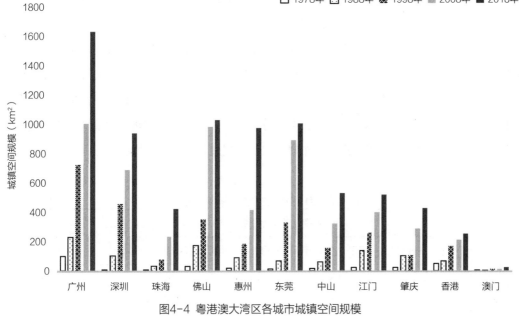

图4-4 粤港澳大湾区各城市城镇空间规模

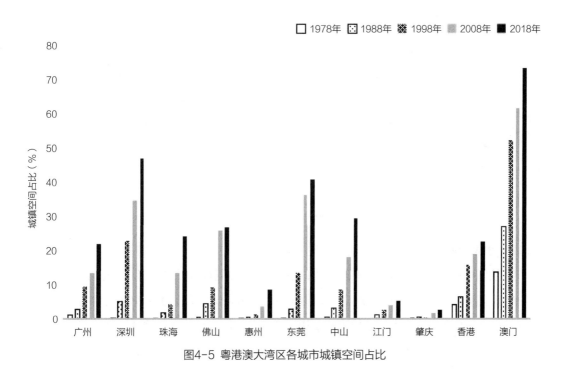

图4-5 粤港澳大湾区各城市城镇空间占比

已经远低于深圳和东莞，与广州、佛山、珠海、中山的比重相近。而对于江门、惠州、肇庆等城市，城镇化速度则相对较慢，相对于较大的国土空间规模，城镇空间规模占比则一直小于同期的其他城市。

从变化程度来看（表4-9），改革开放以来，粤港澳大湾区城镇空间的扩展速度表现为先升高后降低，1998～2008年城镇空间的扩张速度最高，年均扩展速度在10%以上。结合粤港澳大湾区城镇空间的扩展规模不难发现，不同时间段内粤港澳大湾区城镇空间具有不同的变化特征。第一个快速增长阶段以广州、深圳、香港和东莞的增速最大；到了第二个阶段则是除港澳两个城市以外剩余城市的快速增长。但是在整个40年的城镇空间发展中，深圳、珠海、东莞与惠州的年均变化率最高。另外，广州、深圳、佛山、东莞与惠州的增加规模最多，均在900km²以上，成为粤港澳大湾区这一时期城镇空间扩展的增长极。总体上，城镇空间的高速扩张改变了粤港澳大湾区城镇空间分布格局，由最初的广州、香港两个主要城镇空间扩展区域，发展到由广佛及沿海湾东岸所组成的城镇空间密集区域。

1978～2018年城镇空间资源变化 表4-9

城市	面积变化（km²）				年均变化率（%）
	1978～1988年	1988～1998年	1998～2008年	2008～2018年	
广州	133.5	494.23	277.72	625.65	7.28
深圳	100.81	356.54	232.06	245.46	16.01
珠海	31.32	43.55	158.89	185.92	13.9
佛山	145.83	180.89	629.66	41.2	9.23
惠州	73.85	97.46	225.32	558.71	10.56
东莞	61.48	261.49	561.32	108.09	11.78
中山	46.24	95.15	167.77	204.34	9.27
江门	118.53	123.93	140.84	113.16	8.22
肇庆	81.67	1.22	188.4	133.59	7.69
香港	22.59	102.33	36.94	42.01	4.2
澳门	4.34	8.25	3.11	3.87	4.28
总计	820.16	1765.04	2622.03	2262	—

2. 生态空间

生态空间在粤港澳大湾区空间范围内的占比最高，通过解析结果可以看到，粤港澳大湾区的生态空间占比总体保持在50%以上，但是空间差异较大。作为生态空间主要构成的生态绿地，主要分布在粤港澳大湾区周边的肇庆、惠州及江门。自然水体则以西江、北江和东江水系为主，在区域中大多作为自然的行政边界。改革开放初期由于河道较宽，并且三角洲地带的滩涂湿地较多，规模占比曾达到6%以上，随后由于土地开发，大量围垦活动使得滩涂地逐渐成为农田与水产养殖用地，自然水体的规模占比有所降低，但稳定在3%左右。

从生态空间分布看（图4-6、图4-7），粤港澳大湾区各城市生态空间分布格局基本保持不变，规模较大的生态空间主要分布在外围的肇庆、惠州和江门，内部区域除广州外，其余城市生态空间规模普遍较小；相对于各城市生态空间占比来说，澳门的变化最大，由1978年的85%降到27%。而占比较高的区域为香港、肇庆和惠州，均在70%左右。

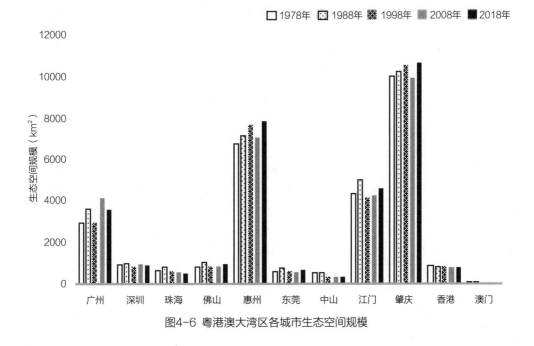

图4-6 粤港澳大湾区各城市生态空间规模

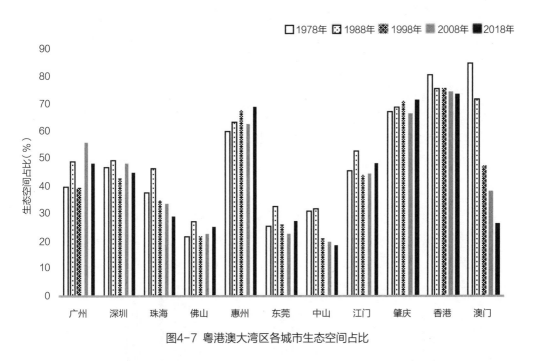

图4-7 粤港澳大湾区各城市生态空间占比

从生态空间的变化趋势来看（表4-10），1978～2018年间每个时期都有不同的增减，规模增大的时期主要在1978～1988年，而规模减小的时期是在1988～1998年。生态空间规模总量增长的城市有广州、佛山、惠州、东莞、江门与肇庆，剩余城市则有不同程度的减少。

1978~2018年生态空间资源变化

表4-10

城市	面积变化（km²）				年均变化率（%）
	1978~1988年	1988~1998年	1998~2008年	2008~2018年	
广州	673.72	−679.28	1196.32	−567.55	0.48
深圳	53.85	−129.75	103.65	−65.26	−0.1
珠海	156.62	−200.8	−24.15	−79.44	−0.64
佛山	208.26	−195.54	19.73	102.81	0.38
惠州	387.77	502.57	−578.77	745.89	0.36
东莞	174.63	−157.63	−90.71	116.79	0.16
中山	15.34	−191.03	19.37	−25.83	−1.27
江门	682.39	−823.9	74.72	339.81	0.15
肇庆	216.98	328.94	−634.06	727.91	0.15
香港	−56.63	1.4	−10.78	−11.76	−0.23
澳门	−4.29	−7.85	−3.11	−3.87	−2.86
总计	2508.64	−1552.87	72.21	1279.5	—

综合生态空间的发展变化结果可知，粤港澳大湾区生态空间大多数分布于西北的肇庆、东北的惠州和西南的江门，沿海湾的内圈层区域生态空间则零星分布于各个城市。在变化强度上，由于未利用地逐渐被生态植被覆盖，不同城市的生态空间总量变化均不是很显著。

3．农业空间

农业空间主要集中在地势较为平坦的珠江三角洲冲积平原地区，根据统计数据显示，2018年粤港澳大湾区农业空间的规模与1978年相比减少了大约2465km²，其中以耕地的减少居多。从空间规模来看（图4-8、图4-9），截至2018年，江门和肇庆的农业空间规模最大，

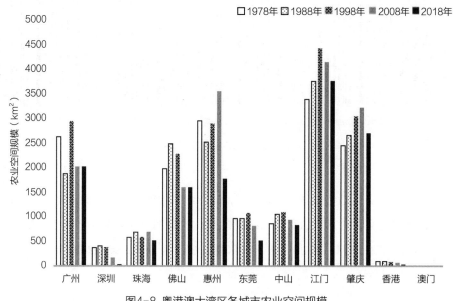

图4-8 粤港澳大湾区各城市农业空间规模

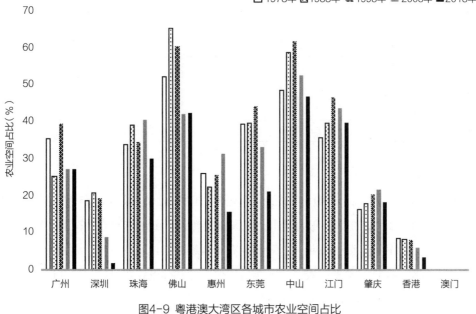

图4-9 粤港澳大湾区各城市农业空间占比

广州、佛山及惠州次之，而香港和澳门作为特区，农业空间几乎为零，处于最后。首先相对于规模数量来讲，农业空间占所属城市辖区面积的比例以佛山、中山与江门最高，一直处于整个湾区的领先地位；其次是广州与珠海，处于第二等级；惠州和肇庆虽然辖区面积较大，但是由于山地大多分布于两个区域，因此农业空间规模较小，位于第三等级；香港与澳门农业空间的占比远低于湾区其他城市。

从农业空间的变化率来看（表4-11），珠江三角洲的农业空间规模处于不断减少的状态，除外围江门、肇庆两个城市相较于1978年有少许增加外，其余城市都在降低。其中，深圳的年均减少率最为显著，达到5.64%，由1978年的近380km²减少到2018年的36km²，与香港农业空间的规模等同。

城市	面积变化（km²）				年均变化率（%）
	1978~1988年	1988~1998年	1998~2008年	2008~2018年	
广州	-762.52	1072.18	-925.68	0.25	-0.66
深圳	43.86	-32.47	-206.58	-141.87	-5.64
珠海	90.87	-83.27	106.81	-183.87	-0.31
佛山	497.53	-185.83	-692.29	3.66	-0.53
惠州	-426.97	371.67	662.83	-1787.72	-1.27
东莞	8.83	114.19	-268.92	-296.31	-1.52
中山	180.52	54.65	-163.37	-104.04	-0.09
江门	367.58	672.55	-271.59	-386.97	0.27

1999~2019年农业空间资源变化 表4-11

续表

城市	面积变化（km²）				年均变化率（%）
	1978~1988年	1988~1998年	1998~2008年	2008~2018年	
肇庆	209.37	391.14	188.75	-526.69	0.25
香港	-3.15	-0.14	-24.84	-27.95	-2.25
澳门	0	0	0	0	—
总计	205.92	2374.67	-1594.88	-3451.51	—

4. 未利用空间

　　相对于其他空间类型，未利用空间的规模整体在持续减少，根据卫星影像解析及数据统计（图4-10、图4-11），在1978年由于水土流失比较严重，山体与河流沿岸形成较多的显露土地，植被覆盖率较低。到1988年，这一情况有所缓解，但是城镇空间的大量无序开发，使得很多土地在这一时期被浪费闲置。1998年后，快速的基础设施建设导致这一情况并未得到完全的改善。直至2008年，随着部分城市增量空间的开发达到极限，以及广东省对"三旧"改造项目的深化探索与创新，促进了土地的集约使用，在这一时期的影像图解析中显示未利用空间规模明显减少。

　　根据统计数据（表4-12），1978年未利用空间主要分布在广州、惠州、江门与肇庆，发展到2018年各城市未利用空间都有了不同程度的减少，但是惠州、江门与肇庆依旧是未利用空间最多的三个城市。在各城市辖区面积的占比中，1978年，深圳、珠海与东莞占比最高，一直到2018年，珠海和东莞均保持了相对较高的占比。从未利用空间规模变化看，

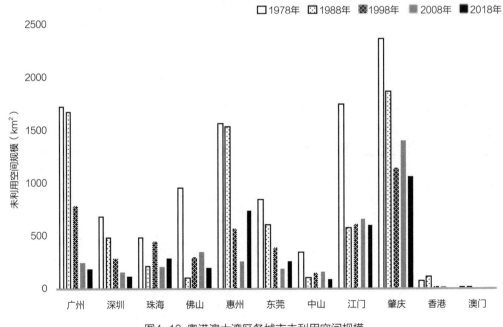

图4-10 粤港澳大湾区各城市未利用空间规模

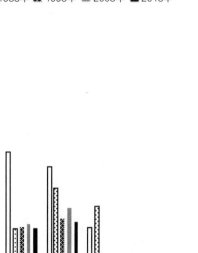

图4-11 粤港澳大湾区各城市未利用空间占比

1978~2018年间，香港、广州与深圳的年均减少率最高，对于空间的利用越加充分。粤港澳大湾区在城镇空间规模不断扩大的同时，空间的有效利用也在逐步提高，在某种意义上也体现出城镇化正趋向于集约式发展的方向。

1999~2018年未利用空间资源变化　　　　表4-12

城市	面积变化（km²）				年均变化率（%）
	1978~1988年	1988~1998年	1998~2008年	2008~2018年	
广州	-44.7	-887.12	-548.37	-58.36	-5.41
深圳	-198.52	-194.31	-129.13	-38.33	-4.25
珠海	-278.82	240.52	-241.56	77.4	-1.33
佛山	-851.63	200.48	42.9	-147.67	-3.86
惠州	-34.65	-971.69	-309.39	483.12	-1.87
东莞	-244.94	-218.06	-201.69	71.43	-2.95
中山	-242.11	41.23	14.98	-74.47	-3.39
江门	-1168.5	27.42	56.02	-66.01	-2.66
肇庆	-508.03	-721.3	256.9	-334.82	-1.98
香港	37.19	-103.59	-1.31	-2.3	-10.76
澳门	-0.06	-0.4	0	0	-0.69
总计	-3534.77	-2586.82	-1060.65	-90.01	—

4.2 空间扩展特征

粤港澳大湾区空间形态特征主要体现在城镇空间的扩展变化,其内部的社会、经济、政治、文化等要素共同支撑着整个生产生活的不断运行。一方面,城镇空间相对于其他空间更复杂,包含的要素更多,要素之间的联系也更密切;另一方面,城镇空间是不同空间要素运行的载体,各类要素活动所形成的功能区则构成了粤港澳大湾区空间形态的基本框架。因此,在卫星遥感影像分析的基础上,本书借助ArcGIS得到矢量格式的城镇空间,为减小空间计量的干扰,面积小于1km²的碎屑空间被剔除,由此得到不同时期城镇空间的轮廓线(图4-12)。

为检验Landsat数据提取城镇空间边界线的精度,将遥感提取的城镇空间边界线与同期的Google高分辨率影像进行对比,并借助统计年鉴和相关规划图等资料进行辅助验证。经过土地利用图和高分辨率卫星的精度验证,对于粤港澳大湾区城镇空间的提取符合研究需求,空间形态轮廓与高清卫星影像吻合度较好。在对多时段城镇空间信息进行准确判别和提取的基础上,进一步定量分析粤港澳大湾区城镇空间的扩展格局与特征,并揭示其扩展的内在机制。

4.2.1 城镇空间的扩展态势

改革开放初期,粤港澳大湾区的城镇空间规模仅占区域整体空间规模的0.5%,发展到2018年城镇空间规模比重上升到了13.8%,年均增速8.7%。其中,1978~1988年扩张了820.17km²,1988~1998年扩张了1765.03km²,1998~2008年扩张了2622.03km²,2008~2018年扩张了2262.01km²。总体上来说,粤港澳大湾区城镇空间扩张的规模和速度一直保持较高

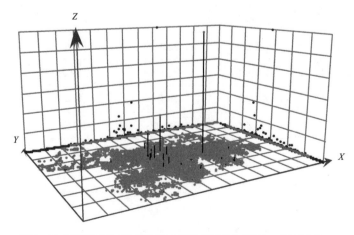

图4-12 粤港澳大湾区城镇空间扩展示意图(1978~2018年)

水平，1998～2008年的城镇空间规模扩张最大，这一时期也可以说是改革开放以后，地方化与城镇化各有侧重的一个分水岭阶段。为了更进一步分析其扩展特征，研究根据模型测度各变量值的相互关系，用以揭示出城镇空间在扩展中所形成的空间形态特征。并且相对于扩展速度，扩展强度更具有空间上的可比较性，适合描述城镇空间扩展的空间分异[151]。

在空间扩展分析中，研究采用网格样法，在粤港澳大湾区整个研究区域内均匀布置正方形网格，每一网格样方即可用作为反映城镇空间的基本单元，并用于表现出相关的城镇空间度量指数。进而将指数计算结果在网格样方中予以刻画，达到分析城镇空间扩展的细节信息，量化出粤港澳大湾区城镇空间扩展在不同时段所表现出来的分异特征。对于空间单元的划定，在考虑区域空间规模的基础上，又要具备足够精度和分辨率来反映城镇化在空间中的差异细节，本书以1km×1km的正方形网格覆盖整个区域，由于粤港澳大湾区面积较大，经计算共得到58137个空间分析单元。在此基础上计算1978～2018年4个时段的空间扩展强度，并以扩展强度为变量对Getis-Ord-Gi*指数和Moran's I进行测度，从而得出粤港澳大湾区城镇空间的全局性空间扩展热点和空间扩展格局，识别出空间扩展在区域中的热点区与冷点区，并探测全局的空间扩展关联。

1. 空间扩展强度

空间扩展强度指在一定时期内，城镇空间扩展规模所占的百分比。为了精确对比不同阶段城镇空间扩展强弱的分布情况，研究需要测算出各空间单元的扩展强度指数，即用各空间单元的规模总量与城镇空间的扩展规模进行标准化计算，其结果具备了一定的可比较性。

$$L_s = \left[(S_t - S_0)/t \right] / A_0 \times 100 \qquad (4-1)$$

式中：S_0和S_t分别为研究基期和末期城镇空间的面积；t为研究时段；A_0为研究单元面积；L_s为扩展强度指数。

在计算全部网格样方L_s值的基础上，以自然断裂法形成空间聚类，可将城镇空间扩展强度分为6个等级，分别为：急速、快速、中速、低速、缓慢和无扩展。从图4-13可以看出，各时期城镇空间扩展随着不同的发展条件及政策呈现出显著的差异性：1978～1988年，城镇空间扩展速度不高，呈分散且无序的分布状态；1988～1998年，城镇空间主要沿佛山、广州、东莞、深圳以及香港形成的廊道高速扩展，呈显著的带状分布；1998～2008年，城镇空间扩展延续上期阶段的建成区快速向外辐射且范围较大，大致围绕着已有城镇的外围呈圈层状分布；2008～2018年，城镇空间扩展则广泛地分布于粤港澳大湾区全境，湾区西岸城镇空间的扩展加速明显。

2. 空间扩展热点

为了进一步发现粤港澳大湾区城镇空间的扩展特征，进而利用热点指数（Getis-Ord-Gi*）检验局部空间的统计是否存在明显的高值或低值。计算公式如下：

$$G \cdot i = \sum i(w)ij \times j \sum j \times j \qquad (4-2)$$

1978～1988年

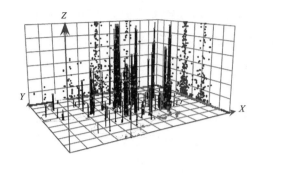

1988～1998年

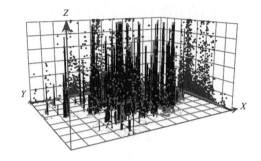

1998～2008年

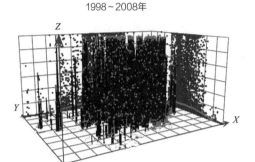

2008～2018年

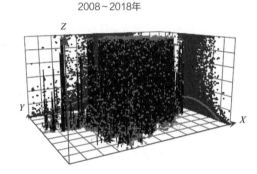

图4-13 粤港澳大湾区城镇空间扩展强度

为了便于解释和比较，对上式进行标准化处理：

$$Z(G)\cdot i = [G]\cdot i - E(G)\cdot i \cdot Var(G)\cdot i \qquad (4-3)$$

式中：$E(G)\cdot i$ 和 $Var(G)\cdot i$ 分别是 $G\cdot i$ 的数学期望和方差。如果 $Z(G)\cdot i$ 为正值且显著时，则代表了区域 i 是高值空间聚集区，即热点区；反之，如果 $Z(G)\cdot i$ 为负值且显著时，则代表了区域 i 是低值空间聚集区，即冷点区[152]。

研究中，空间权重 w 的赋值利用半径搜索法，采用3km为距离建立空间权重矩阵。通过对粤港澳大湾区4个时段的城镇空间扩展强度进行统计的热点探测模拟发现（图4-14）：

1978～1988年，粤港澳大湾区城镇空间扩展的热点分散于区域内各个地方，这也符合在"三来一补"为主导的经济发展时期对于工业用地的大量需求。尽管这一时期的城镇空间扩展强度低，但波及范围很广，同样深刻地影响着区域城镇化的进程。该时期南海区、顺德区、中山市与东莞市的乡镇企业发展迅猛，积极承接香港企业的转移，成为广东"四小虎"，极大地促进了城镇空间的扩展。然而，城镇空间扩展活动虽然活跃，但没有形成具有一定规模的扩展核，整体发展热点呈现"分散"布局特征。

1988～1998年，这一时期城镇空间扩展强度的分异特征明显，城镇空间的扩展区域较为集中，呈明显的带状分布，由广佛开始沿海湾东岸向深港延伸。轴线上最活跃处主要为佛山市南海区；广州市海珠区、白云区、天河区、黄埔区；东莞市虎门镇、长安镇；深圳市宝安

1978～1988年

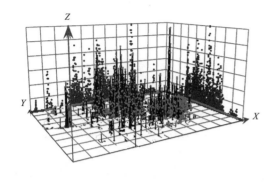

1988～1998年

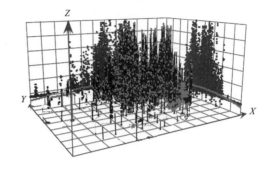

1998～2008年

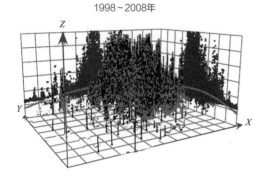

2008～2018年

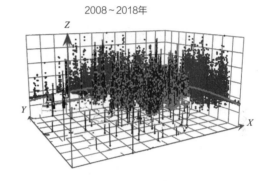

图4-14 粤港澳大湾区城镇空间扩展热点

区、南山区、福田区以及香港的新界等区域。扩展带以外则主要有中山城区以及珠海香洲区，其他区域的城镇空间扩展强度较小，由此构成的城镇空间扩展构形呈现为"点轴延伸"的"大集聚、小分散"空间扩展特征。以广佛、深莞和香港为空间扩展的主要区域，逐渐发展成为粤港澳大湾区城镇空间最密集、城镇化水平最高的区域。

1998～2008年，城镇空间扩展在延续上一阶段扩展规模的同时，热点区域扩大，数量增多，与上一阶段城镇空间扩展热点分布特征有所不同的是，新开发的空间主要集中于广佛和深莞两个极核向外辐射的区域。特别是广州市番禺区；佛山市南海区、顺德区；深圳市宝安区、龙华区；东莞市虎门镇、长安镇、石碣镇、常平镇等。除此之外，城镇空间扩展热点逐渐显现在其他区域，如珠海、惠州、江门的主城区，均表现出"大集聚、小扩散"的空间扩展特征。

2008～2018年，粤港澳大湾区城镇空间扩展的热点集中区域减弱，城镇空间的扩展热点扩散于周边，尤其是北部的德庆、高要、鼎湖、四会、三水、白云、花都、从化等区域；中部的恩平、开平、新会、蓬江、古镇、南沙、增城、博罗、惠城、惠东等区域；南部的金湾、斗门、龙岗、惠阳等区域。该时期是粤港澳大湾区进入全面转型的时期，经过多年的发展，粤港澳大湾区核心区的城市已没有过多的开发空间，核心区域进入限制增量和盘活存量的阶段。随着产业转型升级，一些产业离开核心区向周边转移，促进了城镇空间的进一步扩展。城镇化快速推进，各类新城新区大规模开发建设，同时一些开发区和工业园区成为新的城镇空间发展方向，促使粤港澳大湾区城镇空间扩展显现出"小聚集、大扩散"的分布特征。

3. 空间扩展格局

为了进一步探测粤港澳大湾区城镇空间的扩展趋势，研究对全局相关性检测采用Moran's I指数，检验整个区域中相邻空间是相似、相异，又或是独立，具体计算公式为：

$$I = \frac{N \sum_i \sum_j W_{ij}(X_i - \bar{X})(X_j - \bar{X})}{\left(\sum_i \sum_j W_{ij}\right)\sum_i(X_i - \bar{X})^2} \tag{4-4}$$

式中：N为研究空间单元总数；W_{ij}为空间权重；X_i和X_j分别为空间i和j的属性；$\bar{X}$为属性均值。Moran's I的值在[−1，1]，当值接近1时，代表具有相似属性的空间集聚在一起，显示出空间正相关；当值接近−1时，代表具有相异属性的空间集聚在一起，显示出空间负相关；当值接近于0时，显示出属性随机分布或是不存在空间自相关性[153]。

粤港澳大湾区城镇空间扩展强度Moran's I 指数　　　　　　　　表4-13

	1978~1988年	1988~1998年	1998~2008年	2008~2018年
Moran's I 指数	0.53543	0.636468	0.655452	0.674134
Z值	181.261256	215.284804	221.674433	227.979627
P值	0	0	0	0
方差	0.000009	0.000009	0.000009	0.000009

注：Global Moran's I 统计量在所有年份的预期指数均为，$E(I) = -0.000017$。

表4-13列出了粤港澳大湾区1978~2018年4个时期城镇空间扩展强度的Moran's I估计值及其显著性。扩展强度自相关的正态分布在4个时段的统计检验均通过99%的可信度，并且Moran's I指数均在0.5以上，表明粤港澳大湾区城镇空间扩展正相关明显，即空间扩展呈现出相关特征。而且，随着时间的推移，Moran's I和Z值均呈增长的趋势，表明了城镇空间扩展相关性的加强。

1978~1988年，Z值相对其他时间段较低，城镇空间扩展的集聚性不强，扩展热点区和冷点区在空间分布上出现分散状态。1988~1998年，Z值迅速升高，表明城镇空间扩展的集聚作用加强，空间扩展冷热区域在空间分布上呈现出明显的集中状态。1998~2008年，Z值升高减缓，表明城镇空间扩展的集聚作用开始减弱，逐渐沿着区域数个中心向外辐射。2008~2018年，Z值有所升高，与前一阶段相似，表明该时期城镇空间的扩散范围在持续扩大。由此发现，在改革开放后的40年中，粤港澳大湾区城镇空间扩展呈现出"分散—集聚—扩散"的发展态势。

4.2.2 城镇空间的分形趋势

分形理论被本书应用于空间递嬗的外在表象研究，自1985年巴提（Batty）开创分形城市形态研究以来，有关于城市边界和城市土地利用形态的分形、空间形态的分形模拟等方面就有了大量的研究[154]。空间分形研究，首先要判断城镇空间是否具有分形特征，在湾区这样一个具有特殊地理环境条件的区域，城镇空间的分布是否具有分形性质是可以帮助判断湾区空间发展趋势的一个重要参考。其次可以通过分形维数深入剖析其分形特征，常见的维数计算方法有网格法和半径法两种。"网格法"即小盒计数法，可以用于计算城市形态的边界维数，也可以计算城市用地扩展的容量维数和信息维数，这些维数一般统称为计盒维数，地理学称为网格维数。"半径法"即回转半径法，给出的维数一般是从统计自相似的角度定义的，所得到的维数俗称半径维数[155]。

由于粤港澳大湾区主要区域的空间地理特征是以珠江口海湾为核心的冲积平原，而一个具有一体化发展趋势的湾区应该具备从海湾向外进行扩散的空间分布特征。因此，本书采用半径法来研究粤港澳大湾区城镇空间形态，在空间的分形分析中引入半径维数模型，根据计算结果进一步探讨城镇空间的扩展特征。半径维数用以反映城镇空间在区域中的分布格局和向心集聚程度，亦可称为集聚分形[156, 157]。其关系式为：

$$S(r) \propto r^{\pm a} \tag{4-5}$$

即用尺度r对区域内的城镇空间进行度量，在这个尺度上产生一个测度$S(r)$；若改变尺度r，测度$S(r)$也会随之改变。如果说测度与尺度之间跟随标度不变规律，则可认为城镇空间具有分形特征。在上式中，a为标度指数，代表了分维的函数，即分维本身a=D，这里D为分维指标。

1. 空间集聚程度

粤港澳大湾区城镇空间区域主要分布在珠江三角洲平原，西北由于山地的原因城镇空间分布较少，对于分形研究影响作用可忽略不计。研究以海湾（伶仃洋）中心为圆心画圆（以北端、东岸、西岸为切线画圆，圆心即本研究的海湾中心点，根据测算中心点距离海岸线大致为15km），向外辐射的圆环最大半径为160km，覆盖了具有影响作用的所有区域。若是以5km为半径公差作同心圆，可从海岸线向外计算各同心圆环内的城镇空间规模大小，观察其发展趋势。

从粤港澳大湾区城镇空间的扩展情况来看（图4-15）：1978年，城镇空间主要集中在距海湾中心80～100km的中圈层，以广州、佛山和惠州的主城区为主；次级区域在内圈层滨海区域，以香港和澳门的城镇空间发展为主。1988年，由于广佛主城区的扩张，城镇空间规模的高值区域仍旧保持在中圈层，但是次级区域出现在多个不同圈层，如距海湾中心65km的中圈层内侧，其中的番禺、顺德、江门主城区等区域的城镇空间扩张明显。1998年，城镇空间规模的高值区域继续向内移动，随着深圳、珠海的快速发展，以及东莞、中山建设用地的大量开发，以往两个次级区域发展成高值区，形成内圈层、中圈层及两者交汇地带三条非常显著的环带。2008年，各个圈层的城镇空间都在迅速扩张，但内圈层与中圈层交汇地区的扩张规模最大，这一时期的龙岗、东莞主城区、番禺、顺德等区域的空间扩张非常明显，形成圈层中的高值环带，并且向两侧逐渐降低。2018年，在上一阶段的基础上继续强化，城镇空

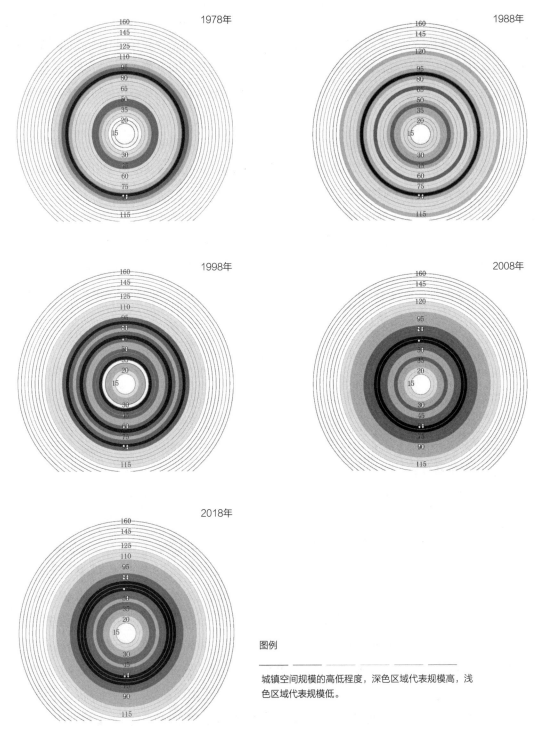

图例

城镇空间规模的高低程度，深色区域代表规模高，浅色区域代表规模低。

图4-15 粤港澳大湾区城镇空间集聚性（km）

间高值环带变宽，向两侧不断扩展，逐渐形成围绕海湾进行发展的态势，但海湾东西两岸空间发展存在差异。因此，城镇空间在区域的集聚情况显示出大湾区整体城镇空间的发展正在逐渐趋向于有序，但是还没有形成大湾区整体的空间扩展协调机制。

2. 空间分形特征

为了探测城镇空间在大湾区的分形特征，从海湾中心向外计算各同心圆的城镇空间用地面积，将得到的测度标绘在双对数坐标图上，观察其拟合效果（图4-16）。如果二者存在幂函数关系，并且能够直观地显示出直线关系，则能够说明以海湾为中心存在分形，或是有限度地成立（出现无特征尺度的标度区），否则城镇空间由海湾向外的扩展还没有达到分形状态[158]。判断是否存在直线关系，本书在已有研究的基础上，通过拟合优度$R^2 \geq 0.996$或标准误差$\partial C \leq 0.04$来判断粤港澳大湾区城镇空间是否存在分形。从图4-16直观上看，前两期的散点图不具备分形特征，后面几期具有一定的分形特征，但存在转折点，以此来划分粤港澳大湾区城镇空间的分形标度区。转折点的确定是以中心为起始点，向外依次增加半径序列，并用最小二乘法进行回归分析，记录得到的维数值D、测定系数R^2半径序列之间的关系。这种表示分维值和尺度之间相互关系的方法，被称为分形签名[159]。

根据分形签名中的维数值D、系数R^2半径序列、N系，确定标度区的范围。根据图中给出的双标度区的回归拟合效果发现，1978年、1988年根据测算值发现并不具备分形特征，随后1998年约6个环带、2008年约13个环带、2018年约15个环带具有一定的分形特征。根据1998年、2008年和2018年数据在第一标度区内的幂函数关系拟合效果，发现从2000年左右开始，粤港澳大湾区城镇空间的规模沿海湾向外具有越来越明显的分形特征。但是第二标度区

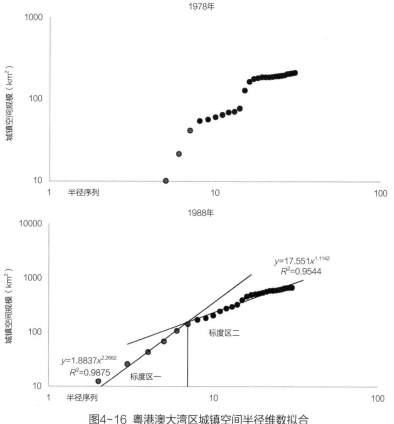

图4-16 粤港澳大湾区城镇空间半径维数拟合

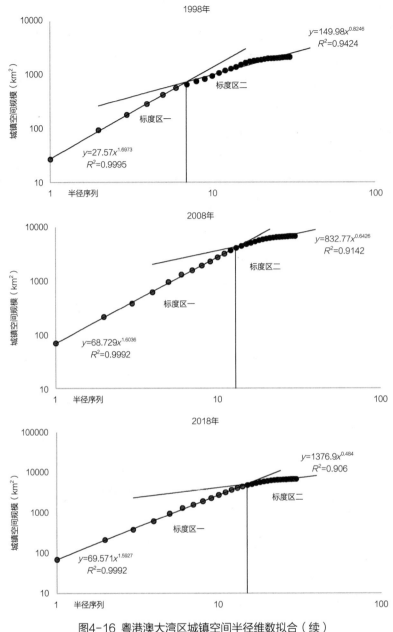

图4-16 粤港澳大湾区城镇空间半径维数拟合(续)

的趋势不够好,表明内外圈层空间具有明显的发展差异,只有内部区域可以反映出粤港澳大湾区城镇空间规模的分形特征。

1978年,粤港澳大湾区城镇空间没有形成有序的分形维数,空间扩张缓慢,属于发展的起始阶段。1988年,城镇空间扩张的分形特征不明显,结合这一期间城镇空间的斑块形态以及镶嵌的结构特征,大湾区的空间表现为分散扩张,形态趋于复杂,处于不稳定的状态。随着城镇空间不规则的程度和破碎度加剧,城镇空间规模增加以外部扩展为主,且显现出无序的发展特点。1998年,开始显现出分形特征,但是具有分形维数的第一标度区发育较窄,仅有6个环带，换算成空间距离约为30km，显示出粤港澳大湾区城镇空间的集聚分形结构在以海湾中心为圆心，15～45km的圆环范围内存在。2008年，这一时期大湾区城镇空间规模增加明显，空间扩张由早期的遍地开花逐渐转向于由城镇化发展带动，城镇空间斑块所形成的镶嵌结构在形态上总体上趋于简单、规则和整齐，形状更加稳定。第一标度区增加至13个环带，即15～80km的圆环范围内。2018年，粤港澳大湾区城镇空间面积的增加以各个城镇空间斑块的边缘区填充为主，反映出这一时期粤港澳大湾区城镇空间的扩展越来越多地受规划的控制，用地更加紧凑集约。同时，市级层面亦相继调整了自身的空间发展战略，如广州加强了对于南沙的开发，并将其提高到广州副中心的地位。深圳确立前海为下一阶段的开发核心，并将空港新城的建设作为重要发展平台。珠海空间发展的重点在南部滨海，以横琴的建设为主。而东莞则把长安新区提升为滨海湾新区进行重点打造。可以看出，粤港澳大湾区已呈现出环湾发展的战略格局，第一标度区增加至15个环带，即15～90km的圆环范围内。

3. 分形维数的解释

通过半径维数反映了从海湾中心向外城镇空间的分布格局与集聚程度，为了揭示在分形区间内，城镇空间扩展时的土地利用状态，研究采用数理模型进行进一步分析。由于一个规则形几何体的长度、面积和体积之间存在一定的测度关系，如，一个由中心向外半径为r的圆域面积为$A(r)$，则显然有：

$$A(r)=\pi r^2 \tag{4-6}$$

本书研究处在一个很大的范围，城镇空间形态破碎无规则，不能够简单使用欧氏几何规则。因此，假定城市形态为D维，从而可以将圆域面积公式演化为：

$$S(r)=kr^D \tag{4-7}$$

式中：k为系数，D为城市用地形态的维数。

为发现其中存在的相互关系，研究对两个公式进行分析比对，首先，将以上两个式子求导，则有：

$$dA(r)/dr=2\pi r \tag{4-8}$$

$$dS(r)/dr=Dkr^{D-1} \tag{4-9}$$

再用式（4-8）除式（4-9），可得：

$$\rho(r)=dS(r)/dA(r)^{\propto r^{D-2}} \tag{4-10}$$

这个式子实际是反映土地利用密度的分布公式，$\rho(r)$为距中心r处城镇化活动的平均密度。因此：

当$D<2$时，$\rho(r)\propto 1/r^{2-D}$，r越大，$\rho(r)$越小，城镇空间的密度从中心向外递减；

当$D=2$时，$\rho(r)=Dk/2\pi$，为常数，城镇空间密度从中心到外围没有差异；

当$D>2$时，$\rho(r)\propto r^{D-2}$，r越大，$\rho(r)$越大，城镇空间密度从中心向外围递增。

如上所述，半径维数反映了城镇空间从中心向外的密度变化过程，根据粤港澳大湾区城镇空间分布的半径维数进行统计得到表4-14。

城镇空间半径维数的变化　　　　　　　　　　表4-14

年份	1998年			2008年			2018年		
参量	维数D	R^2	空间范围	维数D	R^2	空间范围	维数D	R^2	空间范围
标度区一	1.6973	0.9995	15~45（km）	1.6036	0.9992	15~60（km）	1.5927	0.9992	15~90（km）
标度区二	0.8246	0.9424	>45（km）	0.6426	0.9142	>60（km）	0.484	0.906	>90（km）

从表4-14中可知，三个阶段的分维数都小于2，同时分维数在持续下降，显示出城镇空间密度在中心圈层不断升高。发展态势是越靠近中心，城镇空间增加得越快，越靠近边缘，城镇空间增加得越慢，直至一个范围停止增长。城镇空间规模逐渐演变成由内向外逐渐升高，到一定高值后再向外侧逐渐降低的态势，这一发展和集中式城市的空间扩展非常类似，呈现出粤港澳大湾区城镇空间的发展正趋向于一体化，并且一些地方已经出现了城镇空间连绵的跨界区域，同时也表明这一时期是整个大湾区一体化发展的重要时期。

上述用分形方法得到的结果是对粤港澳大湾区空间形态分析的一次尝试，作为一种对大尺度空间的宏观模拟，用以揭示大湾区城镇空间的演化趋势，在一定程度上具有重要的空间解释意义。如城镇空间发展趋势的确定，不同发展规模的范围确定，以及原因追踪。半径分维数和标度区的划定可以用于对空间扩展模型的推演，得到更多具有解释能力的理论价值，有助于揭示大尺度空间的发展规律，并对于从定量角度去解释区域发展大有裨益。

4.2.3 城镇空间的紧凑度差异

紧凑度被认为是反映空间发展状态一个十分重要的概念，是分析城镇空间形态的重要指标。圆作为一种形状紧凑的图形，其内各部分空间高度集聚，因此在紧凑度计算公式中，是相对于圆形而进行的一种公式演变。本书利用这一公式来测度粤港澳大湾区城镇空间的紧凑度，用以反映土地利用的集约性。计算公式如下[160]：

$$BCI = \frac{2\sqrt{\pi S}}{P}$$ （4-11）

式中，BCI代表城镇空间的紧凑度指数，S和P分别表示城镇空间用地面积与轮廓周长。BCI的取值范围为0~1，BCI的值越大，城镇空间越集约，空间形状越具紧凑性；反之，空间形状越分散。适度的紧凑度是城镇空间合理发展的综合体现，紧凑度的过高或过低都会影响到城镇的健康发展。

1. 全局空间紧凑度

城镇空间扩展也可以用紧凑度来判断不同的发展阶段，若城镇化处于高速增长阶段，城镇空间扩展表现为大量水平的外延式空间拓展，相应的紧凑度呈现下降趋势；反之，城镇空间扩展表现为微量垂直的内涵式空间拓展，相应的紧凑度呈现上升趋势[161]。利用公式（4-11）分别计算1978年、1988年、1998年、2008年和2018年粤港澳大湾区城镇空间的紧凑

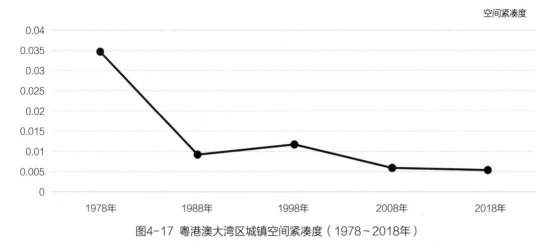

图4-17 粤港澳大湾区城镇空间紧凑度（1978~2018年）

度，可以发现，城镇空间紧凑度的波动较大，并且紧凑度指数不断降低（图4-17），这与大湾区正处于快速发展阶段，城镇空间已不断拓展有很大关系。

从空间紧凑度变化趋势来看，具有明显的阶段性与差异性：1978~1988年，空间形态紧凑度指数呈现出断崖式降低，是城镇空间快速增加的一种表现，各种类型的乡镇工业开始发展，且广泛地散布于区域各地。总体发展以分散拓展、点状蔓延为主，形态紧凑程度极速降低。发展到1998年，紧凑度有所提升，但是指数值较低，结合空间扩展强度可以反映出城镇空间依旧在快速拓展，然而发展模式以大片用地的开发区或者工业区建设为主，集聚现象明显，和前一阶段的自发生长有了很大的不同，虽然空间规模在快速扩张，但是形态紧凑度有一定程度的提高。随后的2008年又逐渐降低，这一时期的城镇空间扩展规模最大，城镇空间的拓展在集聚的同时开始向四周扩散。由于区域联系日益紧密，跨区域的交通基础设施对于推动城镇空间向外扩展起到了关键的作用，许多城镇空间更加倾向于在高速公路出入口周边进行拓展，形成这一阶段城镇空间扩展的热点区，不断地加剧了城镇空间的外延式拓展，造成了空间形态的复杂化，使得空间形态紧凑度持续减小。这种趋势一直延续到2018年，粤港澳大湾区整体进入转型的发展时期，由于空间发展的不均衡，虽然各个城镇内部开始整合、填空和补实，空间扩展注重了紧凑集约的发展模式，但总体上的空间形态依旧处于不断地扩散阶段，紧凑度进一步降低，但程度有所缓和。

2. 紧凑度的空间差异

在城镇化程度非常高的粤港澳大湾区，城镇空间拓展已经遍布区域的各个地方，然而不同区位的城镇空间在开发强度上存在较大差距，导致紧凑度呈现出明显的空间差异性，本书以区县为空间单元进行紧凑度的分析。

研究首先对各空间单元的城镇空间所占的比重进行统计，以此衡量空间单元的开发程度（图4-18）。整体来看，1978年，紧凑度高的单元位于广州市的越秀和荔湾区、香港的九龙半岛以及澳门半岛三处，正好组成一个三角形完整地将海湾包括在内。1988年，紧凑度高

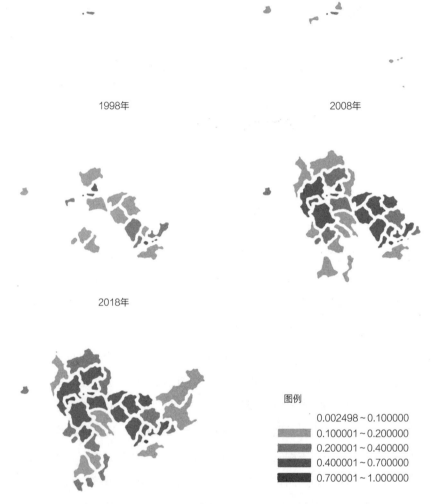

图4-18 1978~2018年粤港澳大湾区城镇空间占比分布图

的城镇空间斑块除了在上述三个高值区域周边散开以外,其余都镶嵌在各城市的核心区域。1998年,广州—深圳—香港之间轴线上的单元紧凑度迅速升高,城镇空间拓展的形态结构开始变得有规律。2008年,广佛核心区紧凑度明显升高,广州与澳门之间的空间紧凑度也逐渐升高,形成一个围绕在海湾周边呈倒"U"形分布。发展到2018年,城镇空间的拓展区域不但环绕海湾,而且沿着南部海岸向两侧展开,使得城镇空间占比高值单元形成一个"几"字形的分布状态,其中海湾东岸空间单元开发程度要高于西岸,与海湾的关系也更加紧密。

为进一步揭示粤港澳大湾区 BCI 的空间差异格局,在空间分析中以东西向坐标作为 X 轴,南北向坐标作为 Y 轴,且以紧凑度指数值作为 Z 轴,从而进行三维透视分析,图4-19中 Z 轴上的短线代表了63个空间单元 BCI 值的大小。在此基础上,将 BCI 值投影到两侧的正交平

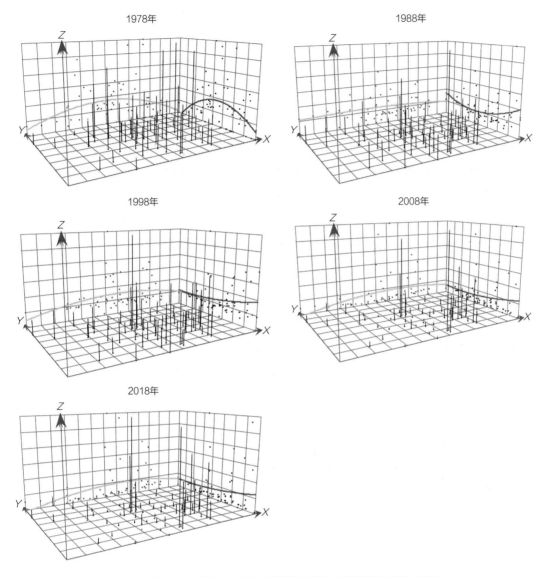

1978年　　　　　　1988年

1998年　　　　　　2008年

2018年

图4-19　1978～2018年粤港澳大湾区空间紧凑度趋势分析图

面上，并将投影点拟合成一条趋势线，以便模拟出东西和南北方向上*BCI*的趋势。由空间紧凑度趋势分析可知：

1978年的紧凑度指数都较高，差异性并不显著，指数值呈现出湾区中心区域高、四周低的趋势特点。结合空间占比来看，开发程度普遍较低，表明这些单元城镇空间的斑块形态处于较长时间的稳定状态。1988年紧凑度指数开始降低，且不再呈现中心位置高的特点，结合空间开发程度，城镇空间以向外拓展为主，但南边的香港九龙半岛与澳门半岛紧凑度指数值相对较高。1998年与前一时期类似，但是中心区域的越秀区紧凑度指数值处于非常明显的位置，且城镇空间占比达到很高程度，表明越秀区城镇空间拓展以边缘区填充为主。除此之外的单元空间紧凑度均减小，并且城镇空间规模的增加都在以外部扩展为主。2008年各单元的空间紧凑度指数差距非常明显，除了越秀区以外，澳门半岛紧凑度指数值较前一阶段大幅升高，且城镇空间开发程度已到达极限，这也反映出这一单元的城镇空间发展以内部整合为主；相对应的是其余空间单元紧凑度指数值的快速下滑，城镇空间占比增高，显示这些单元城镇空间以向外的快速蔓延为主要的发展趋势。2018年总体上差距依旧明显，指数值高的单元与上一时期相同，但在靠近海湾的单元紧凑度指数值在逐渐上升，具体有澳门的离岛，深圳市的罗湖区、南山区、宝安区。结合城镇空间的开发程度，说明这些单元的城镇空间集约化程度较高，表现出内涵式的空间拓展。除此之外，各个城市的核心城区空间紧凑度指数也有所升高，空间利用开始转向以内部空间的优化填充为主。

总体而言，城镇空间紧凑度随着城镇化的阶段差异表现出不同的特征，同时，地方政策、地理环境以及社会经济的发展对空间紧凑度会产生重要的影响。通过对粤港澳大湾区城镇空间紧凑度的分析来看，海湾东岸城镇化已经到达了一个转折点，有限的土地资源将会进一步制约城镇空间的拓展，未来的空间将转向内涵式发展，从而紧凑度将逐渐升高；而海湾西岸区域开发正处于上升阶段，且可利用的空间资源相对较多，未来的城镇空间依旧会延续外延式发展。无论怎样，紧凑型的城镇空间扩展模式是一种对资源的有效利用，作为节约型、高效型的代表空间形态，在如今对生态环境不断重视的趋势下，紧凑集约型城镇空间发展对新型城镇化的积极响应，有利于实现区域的可持续发展。

4.3 空间形态演变及影响因素

城镇空间的扩展与演变是一个动态而复杂的过程，面对粤港澳大湾区这样一个庞大的系统，空间形态的演变是各个层面相互影响、相互转化，并且是统一的整体变化。不同的观察尺度，其空间形态的表现类型也不同，因此研究从层级组织系统分析的角度，将城镇空间形态演变模式理解为宏观、中观和微观三个层次。即，从宏观尺度观察湾区空间扩展，注重区域整体空间的动态发展关系；在中观尺度观察城镇空间的联结与突跳的循环关系；而在微观尺度观察城镇空间的增殖与演替，探索内部空间要素的堆叠与重合。

4.3.1 宏观的"分散—集聚—扩散"

从粤港澳大湾区宏观尺度观察城镇空间形态演变，是所处区域政策引导下，社会经济发展的综合体现。在城镇空间扩展方面，前文以空间扩展强度、空间分形以及空间紧凑度为表征，考察和分析了1978~2018年粤港澳大湾区城镇空间的发展演变（图4-20）。结果表明，粤港澳大湾区在不同的发展时期，驱动城镇空间扩展的主导机制存在着差异，城镇空间扩展

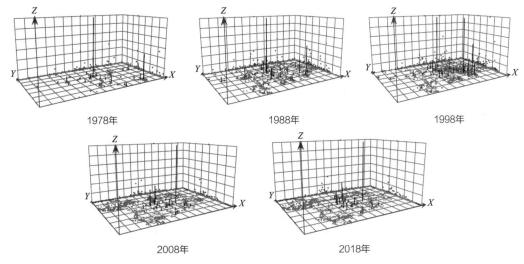

1978年	1988年	1998年
2008年	2018年	

图4-20 1978~2018年粤港澳大湾区城镇空间发展示意图

的过程，与空间格局也各具特质。总体来说，空间发展进程经历了"分散、集聚、扩散"三个阶段。

1. 空间的分散

改革开放初期的乡镇工业化和开放政策推动了粤港澳大湾区早期城镇空间的扩展。1980年，第五届全国人大常委会第十五次会议决定，批准在广东省的深圳、珠海、汕头和福建省的厦门设立经济特区，引进来和走出去成为当时地方政府的政策导向，珠江三角洲凭借港澳的带动优势，在廉价土地和劳动力的基础上，积极承接港澳发展较快地区的劳动密集型企业的转移。企业以寻求土地、人力等成本最小化为方法，实现经济收益上的最大化。通过这样的方式形成"前店后厂"的发展模式，建立了大量以"三来一补"为主要生产方式的乡镇企业。乡镇工业化导致了非常多的散点聚落，即规模较小的空间生长点，成为诸多的集聚中心——乡镇产业组团。这种类型的空间形态呈团块状扩展，工业集中的地方也就成为空间扩展的"热点区"，是一种逐渐觉醒的空间发展状态。

20世纪80年代开始，国家开始出台一系列关于城镇发展的方针计划，如，"六五"期间（1981~1985年）：控制大城市规模，合理发展中等城市，积极发展小城市；"七五"期间（1986~1990年）：防止大城市的过度扩张，重点引导中小城市和城镇发展。这些政策的出台，在这一时期对于粤港澳大湾区乡镇的快速发展也起到了一定的促进作用，强化了城镇空间分散布局这一特征。这些因素叠加在一起，到20世纪90年代，粤港澳大湾区城镇空间发展表现为分布点多和分布均匀的特点，逐渐形成了"大分散、小集聚"的城镇空间形态特征。

2. 空间的集聚

20世纪90年代，工业化的进一步推进，土地经营的市场化以及外商直接投资，促使大量开发区建设，加速带动了城镇空间的拓展。在这一过程中空间结构没有发生根本性变化，实质上是区域经济的量变过程，这也是各种空间要素不断积累的过程。空间发展的主导因素变化影响了空间形态，开始调整空间分散导致的不经济现象，从而粤港澳大湾区空间形态开始表现出由"分散"转向"集聚"的空间发展模式。

"集聚"也是产业调整和专业化状态下的空间优化过程，空间的发展重点开始由乡镇地区逐步向基础设施和功能相对完善的城市周边转移。功能的结合跨越了地理边界和行政边界，形成了巨大的功能空间，功能空间成为跨边界的合作，传统的乡镇区域空间拓展减缓，而各类新城新区开始大规模建设。同时，在城镇化不断深入的情况下，广东省也通过行政手段完成对原有小城镇的区划进行重改，城市的地位得到强化，空间形态的"集聚"状态凸显。其中，广州、佛山在发展中城镇空间逐渐靠拢，形成空间扩展的热点区，且集聚规模不断增强；随着香港、澳门的回归，在广州、深圳、香港之间形成了一条城镇空间"集聚廊道"。这种主要集中在广佛与广深港走廊的空间发展，体现了城镇空间发展过程中同步投射出的经济关系建构特征，是经济活动的外部性效应的结果。这一阶段，产业在相互竞争中欲求得循环发展，会以利益和效益为目标，因而会选择适合其发展的最优空间。为了保障生产生活的循环运行，城镇之间、城镇和区域之间的空间相互作用导致空间的规模等级组织与空间在职能上的对应关系，从而形成具备整体性、动态性、层次性、分化性及开放性的相对稳定、有序的城镇空间结构体系，粤港澳大湾区空间系统结构的框架初步形成。

3．空间的扩散

21世纪以来，随着区域一体化的不断深入和市场经济体制的不断完善，粤港澳大湾区经济保持较快的增长速度，城镇空间规模持续扩大，驱动机制也处于不断变化与组合之中。在多项政策与规划引导之下，原有的粗放型城镇空间布局方式，被通过基础设施建设引导的城镇空间集约型布局所替代。但是，产业内经济关系的复杂化促进人口分布和再就业的显著性空间集聚，当空间成本升高时，企业的空间置换开始出现，在多种因素的共同驱动下，空间的扩展不断在郊区出现，空间增长模式在继续"集聚"的过程中渗透了"扩散"，呈现"内优外拓"的特征。

首先，粤港澳大湾区发展方式的转变以及科技进步与创新的推动使城镇空间扩展呈现出新的特征。过去大量依靠廉价土地与劳动力投入的发展模式已经不能延续，简单进行复制与模仿的代工模式也不能适应新的发展需求，区域整体上转向人才、科技、资金等要素投入为主，创新式发展模式成为粤港澳大湾区的发展趋势。随之，广东省出台了区域产业转移政策和"腾笼换鸟"战略，粤港澳大湾区核心区的工业用地开始向外围转移，空间扩展也逐渐向外扩散，在惠州市、江门市以及肇庆市等地区也出现了城镇空间的快速扩张。

其次，粤港澳大湾区城镇化水平得到了不断提升，在超城市尺度的空间以协同合作作为重要手段来支撑区域社会经济的持续发展，空间集聚特征不再局限于单体城市，同时向更多层级的尺度扩散，逐渐形成以广州—东莞—深圳、广州—佛山、澳门—珠海为集聚核心的空间结构体系，内部城镇边界逐渐消失，交界地带成为功能关系的空间承载。同时，新城新区建设以及产业转移政策的实施加剧着粤港澳大湾区城镇空间的复杂性。粤港澳大湾区空间形态演变过程除了空间连绵体的形成外，其另一个表现是促使城镇体系在规模、等级分布及功能组合上发生变化。

最后，无论是从"增长极理论"还是"集聚—扩散"效应的角度来看，区域空间发展还存在着不均衡性和不充分性，也是这一时期城镇化的常态模式。根据"点—轴"空间结构发展的一般规律，通过极化与辐射来提高相应的城镇化水平，进而优化空间结构，这就决定了粤港澳大湾区空间的重构以及空间的协同问题。沿着滨海、滨江等发展轴线，形成由核心区域不断向四周扩散的空间形态模式。海湾核心区开始向两侧滨海区域扩散，促生了新的生长点，如西侧的横琴、金湾，东侧的大鹏新区、惠阳等；滨江轴线则沿着西江、东江、潭江等水系由广佛、深莞等核心区向外辐射。

总之，粤港澳大湾区空间发展模式的转变体现了不同的动力机制，可以预料，在未来的发展中，经济关系在空间扩展中的作用会有所弱化，政策、社会与文化等成为越来越重要的影响因素。社会经济活动的多元化、新科技引发的便捷性、居民生活方式的多样化等不断地影响着城镇空间形态。可以说，粤港澳大湾区的城镇空间发展正在发生质的变化，"分散—集聚—扩散"不同的发展模式，会促使空间形态向着不断融合、协同的方向演进。

4.3.2 中观的"蔓延—跨越"

在中观层面，城镇空间发展更具有垂直结构上的层次性、水平结构上的镶嵌性和时间上的动态性，城镇空间的发展更多地呈现出他组织与自组织相交织的复杂性。以中观层面城镇空间形态分析为主，其空间的发展特征可以较好地体现不同阶段城市发展的特征。通过观察粤港澳大湾区各城市主城区空间发展演变，将中观的空间形态归纳为"蔓延"与"跨越"两种发展模式。当然，城镇空间的扩展并不是单纯地以某一种方式来扩展，时常伴随着蔓延与跨越形成多种空间形态参与城市的发展。

1. 空间的蔓延

城镇空间的蔓延，其原因在于各种用途的空间为了自身的发展而形成的空间扩展方式，支付的成本倾向于最低，在空间形态本身上是并未分离的。粤港澳大湾区主要城区空间形态的蔓延方式主要分为：圈层扩展、带状延伸、指状充填三种基本形式（图4-21）：

（1）圈层扩展：表现为城镇空间同心圈层式的扩张，具有显著的"年轮"状空间形态。通常在影响城镇空间形态复杂演变的地理环境或外部条件较为均匀时，城镇空间扩展会不断向外循环蔓延成圈层式扩展的形式。如佛山主城区的地势平坦，发展条件较好，空间形态演变随着城市的发展，不断向外呈圈层状扩展的状态。

（2）带状延伸：指城镇空间扩展受到了较多的外在因素影响，如自然地理条件或人工环境等，包含山体、海岸、河流、谷地等，又或沿交通线发展，从而形成的带状空间形态。其中，广州、深圳和肇庆的主城区空间形态特征就属于这一类型。广州市主城区的空间发展由于受山体和行政边界的影响，城镇空间沿着珠江向东和向北延伸；深圳市与广州市相似，受山体和行政边界的影响，沿海岸线呈带状延伸，并且不断向内渗透；肇庆市主城区则是夹在西江和鼎湖山之间，随着社会经济的发展城镇空间主要沿江北侧向东延伸至鼎湖区，呈带状形态。

（3）指状充填：当外部环境条件极不均匀时，城镇空间的扩展往往会沿着阻力最小的方向，逐渐蔓延形成空间上的发展轴，并且空间沿发展轴蔓延成两条以上的指状体。随着长度的增长，指状体之间的横向联系也在加强，其间的三角形或梯形空间逐渐被填充，形成似手掌的空间形态。江门市、东莞市和中山市主城区的空间形态扩展就属于指状填充模式。三座城市主城区在自然地理条件上拥有相似的共性，内部都贯穿了较多的水系，且有丘陵山体穿插其中，如江门主城区的西江、天沙河、江门河、江门水道等；东莞主城区的东江南支流、万江河、东莞水道、东引运河等；中山主城区的石岐河、狮滘河、港口河、横涌等。三座城市主城区城镇空间最初的发展受水运交通影响，主要沿着河流水系分布，河流交汇处通常是老城区。随着城市的发展，沿水系展开的城镇空间形态显示出指状分布的特征，进而在工业化与城镇化的共同作用下，空间扩展速度加快，各延伸轴线之间建立起新的横向联系，形成指状填充式的空间形态。

以上三种类型在粤港澳大湾区城市空间形态的循环发展中往往混合进行，使得城市外部空间循环发展呈现更为复杂的形态特征。

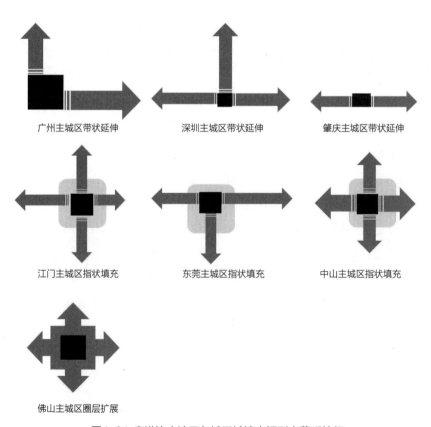

广州主城区带状延伸　　　　深圳主城区带状延伸　　　　肇庆主城区带状延伸

江门主城区指状填充　　　　东莞主城区指状填充　　　　中山主城区指状填充

佛山主城区圈层扩展

图4-21 粤港澳大湾区各城区城镇空间形态蔓延特征

2. 空间的跨越

城镇空间作为复杂的容器，内部要素的繁衍会造成空间的扩张，在外界环境限制或者外在引力驱动的情况下，会从主体中分离出更有活力的新个体，促使城镇空间形成新一轮的发展。这种城市扩展的突变，导致了城镇空间在形态上表现出跨越性。这种发展方式是城镇空间发展在一定限制条件下的内在需求，也是城镇化保持动力，实现渐次更新与有机疏散的必然。粤港澳大湾区城镇空间的跨越式发展有如下几类（图4-22）：

（1）空间限制：城镇空间扩展已经到达极限，或者为了避免对周边生态空间的侵占而选择的空间跨越式发展，如澳门、香港。作为世界上人口密度最高的两座城市，城镇空间的扩展受限于土地资源，城镇空间被迫跨越式扩展。其中，澳门是粤港澳大湾区面积最小的城市，土地资源紧缺在一定程度上影响了城镇空间拓展。其社会经济的发展受到土地空间及边界的严重制约，历史上曾经通过填海造田，跨海将两个小岛填充形成现在的澳门离岛，扩展了城镇空间。随着澳门的发展，城镇空间又一次达到极限，在土地资源已经开发殆尽的情况下，借助粤港澳大湾区一体化时机，跨海湾水道在珠海市横琴新区建立"飞地"，通过利益共享机制解决这一问题；相对于澳门，香港岛选择保留了岛内的生态山地，城镇空间发展集中于滨海区域，在土地开发受限的情况下，通过跨海或填海的方式拓展其他发展区域，分别形成了九龙半岛、香港离岛等新的城镇空间。这两座城市的跨越式空间形态都是在自身条件受限的情况下，被迫所做的选择。

（2）外力驱动：与前者不同，城市的土地资源较为充沛，丰富的土地资源可以为城镇空间拓展提供多种选择。但是空间的发展除去具备合适的区位与环境以外，更倾向于有发展潜力的区域，为此宁愿跨越一些自然地理上的障碍，形成新的发展空间，如珠海和惠州。珠海

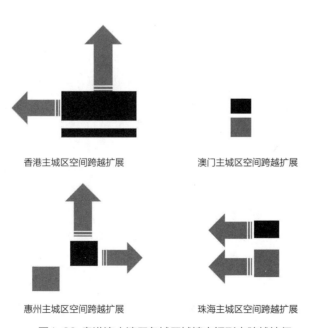

香港主城区空间跨越扩展　　　　　　　澳门主城区空间跨越扩展

惠州主城区空间跨越扩展　　　　　　　珠海主城区空间跨越扩展

图4-22 粤港澳大湾区各城区城镇空间形态跨越特征

在发展初期，在原有发展空间以外优先发展和澳门接壤的区域，与原有建成区一起组成两大重要的空间集聚区，形成了跨越式的空间形态。随着城市的发展，空间扩展速度加快，为推进粤港澳发展的进一步深化，需要更多的城镇空间满足不同的功能需求。横琴新区的成立成为探索粤港澳紧密合作新模式的新载体，城镇空间形态又一次形成跨越式的扩展；而惠州主城区则在城镇空间的扩展中，除了跨东江在北侧形成新的城区以外，在后续的发展中，选择了具有更大发展引力的方向，从而跨越西南侧山体成立了仲恺高新区，使得空间扩展向海湾一侧展开。

总之，不同类型行政区域的城镇空间拓展方式和空间形态各有特点，各市只有充分发挥自身的特殊优势，以合理的空间发展为导向寻求各方的利益共同点，这才是粤港澳大湾区空间关系不断向前推进的动力所在。同时，采取合理的空间拓展方式，可以有效地促进粤港澳大湾区可持续发展。

4.3.3 微观的"增殖—演替"

微观视角下的城镇空间形态，是不同类型空间"增殖"与"演替"的集中体现，空间上看表现为同质空间的复制和汇聚，以及异质空间的置换和重组。粤港澳大湾区早期的发展在比较优势的动态变化与利益共同点的作用下，空间利用雷同，导致空间不断地复制和汇聚，城镇空间发展以"增殖"为主要特征。随着国家战略的推进与社会经济发展对空间的更高要求，合作发展成为这一阶段粤港澳大湾区空间关系的重点，空间发展越来越注重质量，表现出精细化和集约化的利用方式。随之而来的空间创新，以及后续的自贸试验区制度创新，都在积极提升产业能级，优化城镇空间结构，从而将原有的粗放型低效空间进行置换和重组，城镇空间发展转而以"演替"为主要特征（图4-23）。

1. 空间增殖

空间增殖是指城镇空间的复制或功能汇聚，是相同功能空间的催化增殖过程，在前店后厂的发展模式下，粤港澳大湾区以同质城镇空间的增殖为主，个体初始根据不同的环境需求进行建设，这种环境条件往往对城镇空间形态的扩展起到一定程度的催化作用，从而在小范围区域形成同种功能空间的复制和汇聚，城镇空间多点开花且快速拓展。这种空间拓展又进

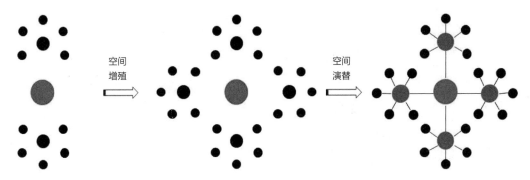

图4-23 空间的增殖与演替

一步改变了环境条件，产生新的、更大的环境优势，引起更大尺度的空间增殖，如此往复循环，直到产生了限制因素影响此种功能空间的发展。这类表现为自组织增殖的空间形态扩展模式，从规模效应的角度可以获得合理解释，即在区域发展初期，产业规模的扩大可以降低生产成本，并且提高生产效率，这种生产空间规模优势进一步导致了空间的不断复制，但这种规模上的简单扩大将会导致负效应的出现，由此空间发展转向其他层次。

改革开放初期，粤港澳大湾区城镇空间扩展的重点区域分散于各乡镇内部，其低廉的空间与人力成本与引进的制造业优势相结合，催生了大量同质的工业空间，"村村点火、户户冒烟"成为最生动的描述，这一阶段是粤港澳大湾区空间增殖的第一个主要时期。20世纪90年代，随着城镇空间比较优势的动态变化与利益点的区分，不同的功能区进一步寻找适合自身发展的空间，以满足不同的发展需求，如随着生产制造业的加速发展，开发区成了工业生产的重要空间载体，其大规模的开发建设不但加速了工业生产对用地的要求，而且带动了城镇空间的大规模建设，对于新的功能需求提供合适的服务空间。同时，1994年，分税制财政体制促使地方政府的积极性高涨，珠江三角洲开始大规模地建设工业园和开发区，从而吸引了一大批外资企业，形成了一波开发区建设热潮。与服务职能空间共同构成了中心城区和功能区的城镇空间形态，表现为两大类空间集聚区，即卫星城镇与功能组团。这是粤港澳大湾区第二个重要的空间增殖时期。21世纪以后，随着粤港澳深化合作的展开，湾区内各级政府着手调整自身的发展战略，诸如：香港对落马洲的开发，广州对南沙的地位的提升，深圳大力开发前海和空港新城，东莞建设滨海湾新区，以及珠海的横琴和中山的火炬开发区等，已渐渐显示出环湾发展的战略空间格局。在这种发展态势下，穗莞深的滨海湾区域已拓展成为连绵的空间连续体。环湾发展的结果是城镇空间连片开发，加上未来环湾交通网的建设，各空间联系的便捷性将得到极大提高。粤港澳大湾区这一概念下的区域一体化建设，将在不同层面改善海湾造成的隔离现象，并且对空间创新能力的加强和高端要素聚合力的提升具有很大的促进作用，这将成为粤港澳大湾区第三个重要的空间增殖时期。但同时也大量地侵占了内圈层的生态空间，使得海湾与内陆的生态空间相互隔离，造成生态空间的碎片化。

2. 空间演替

空间演替指不同类型空间之间的替代过程，也可以是发生在统一层面上的提质进化，其本质上具有整体或部分的特征。在粤港澳大湾区，随着城镇空间的发展，空间功能逐渐变化，这些看似偶然的现象，其实有着内在的秩序。一方面，空间更新转化的推动。由于外部因素或者内部活动所造成的环境改变，常成为引起空间演替的重要原因，任何一个区域均有可能接受新的空间类型，或被新来的类型占据。在空间体系中，不同类型之间或许存在着特定的相互关联，形成空间关系，随时间推移而进行调整，其中竞争力强的空间得以优先发展，或者低价值空间被高竞争力的空间所替。如三旧改造、老城更新或郊区的基础设施建设，都会使空间的位势提高，诱发演替的发生。另一方面，空间效益差异的推动。不同空间类型产生不同的价值，而空间价值又受到区位、基础设施、用地潜力、产业结构和政策因素的影响，是经济、社会及自然等方面的综合反映。因此，对城镇空间结构及空间使用起到了一定的决定作用，与价值不符的空间功能与使用性质最终会发生转化。例如，为缓解城市发展的空间压力，支持产业升级，深圳市发布了《深圳市人民政府关于优化空间资源配置促进产业转型升级的意见（2013年）》，第一次增加新的用地性质（M0），可用于融合创意、研发、设计等功能，以便于更合理地对旧区进行改造。

　　总而言之，城镇空间的发展演变中，空间通过功能集聚和自我复制，或者内部要素的重组和置换，反映了空间"自我调节"的能力，以适应社会、经济发展变化的需要。增殖与演替相互交织，空间专业化到空间功能匹配，是从空间无序向有序转变的一种趋势，也是从规模性到互补性转换的过程。随着空间微观基础研究的不断深化，互补性、异质性和外部效应将会更细致地折射出空间演变的外部表现和内在动力。而粤港澳大湾区作为国家城镇体系中最高层次的区域之一，必须站在全域空间协同发展、联合发展的高度来确定空间发展战略。并且要为空间功能演替和转移提供合理的发展目标，积极主动地按照区域一体化发展的思路，整体构建空间布局。

第 5 章

粤港澳大湾区
城镇空间联系
与空间网络

在"时空距离"急剧压缩下的今天，空间要素得以便捷地跨区域流动，空间联系更加紧密，空间关系更趋于网络化[87]。空间网络组织便是空间要素相互作用在空间内部的客观反映，各种动力机制在相互作用后形成的复合力驱动着这一过程的实现，并随着驱动力度的改变，空间进行着重组。同时，空间要素的流动水平、频繁程度和密集程度决定了空间网络的发展状态，导致空间内部结构亦在发生变动。本章节便在城镇空间形态分析的基础上，结合各类空间要素多维度分析粤港澳大湾区城镇空间联系与空间网络组织情况。为了更细致地考察粤港澳大湾区空间网络组织的变化特征，在考虑空间规模以及功能结构的基础上，本书以较小尺度的区县为单元进行空间网络的分析。对于部分城市没有对应的分区这一问题，本书在空间规模和地理特征基础上，参照《中山市域组团发展规划（2017—2035年）》将中山分为中心、南部、东部、东北和西北五个组团；参照《东莞市城市总体规划（2016—2030年）》将东莞分为中心、西北、西南、东北和东南五个组团；同时，将香港分为香港岛、九龙半岛和新界三个部分；将澳门分为澳门半岛和澳门离岛两个部分；加上其他城市的区县，共计63个空间分析单元。

5.1 空间关系的复杂适应性

城镇空间是"社会—经济—自然"等子系统构成的庞大系统，各个子系统之间存在着相互交织又相互作用的关系，由此形成一个复杂的空间网络。空间网络作为一种特殊类型的空间关系构成，其组织既存在着一般网络的普遍性，又存在着一定的特殊性。空间网络使得存在的区域形成一个具有弹性（灵活性）交换关系的联系体，功能的弹性化与独特的组织结构使各类空间从相互作用的共同合作中获益。在空间网络中，城镇空间不再被简单地看作容纳居住、商贸、金融或工业的地理场地，而是人力、物力、信息等要素循环和积累的复杂组成场所[162]。各类要素在不同通道支撑下实现合理的空间流动，从而提升空间的发展质量，使得空间联系更加紧密。

5.1.1 空间相互作用

空间相互作用（Spatial Interaction）是地理学的基础理论，由地理学家乌尔曼（Ullman，1957）提出[163]，他以俄林（Ohlin，1933）[164]、斯托弗（Stouffer，1940）[165]等学者的观点为基础，创造了空间相互作用理论。在后来的研究中，国内外学者在方法论上进行了不少尝试。从基本的引力模型开始，发展到其他众多的衍生模型，如潜能模型、断裂点模型、最大熵模型、粒子扩散模型、城市流模型以及地缘经济关系模型等。同时，依托不同国家和地区进行了众多实证研究，包括利用改进引力模型或综合地理信息图和空间相互作用的综合模型，探讨城市间空间相互作用的时间效应[166]、航空运输的等级[167]、城市体系[112]、交通方式[168]等。

城镇空间作为一个各类要素有机联系的整体，要素层作为测度空间发展的基础，相互之间具有不同程度的相关性。根据以往研究，空间规模与经济实力、资本实力、基础设施和地理环境之间具有较高的相关度[169]。由此，不同城镇之间产生各种方式的社会经济联系，形成空间相互作用随着空间自身的变化而呈现不同的特征，大量城镇空间的相互作用组成了具有网络联系的群体，形成了功能上的互补性，可以在快速的通信或交通基础设施的帮助下经过多元合作产生明显的交互效应，是空间物理连接与虚拟连接的相互活动关系[170]。与此同时，社会经济要素在空间中的分布具有差异性与非均衡性，交互强度会随着距离延伸而不断地衰减。基于距离衰减和自然优势的社会经济布局原理能够解释一定区域尺度上的地理集聚，以及城镇空间表现出的空间依赖和区域尺度特征。若以城镇空间作为网络节点，对于识别区域的空间网络组织具有一定的支持作用。

粤港澳大湾区作为最具有竞争力和发展潜力的区域，在中国发展进入结构调整的重要时期，不仅要将其打造成具有全球影响力的海湾经济体与国家经济增长的支撑点，还要成为粤

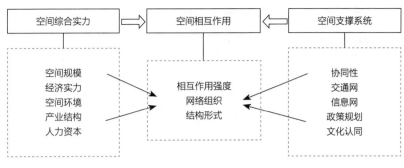

图5-1 空间相互作用机理图

港澳内部协调发展、湾区空间全面融合的示范区。近年来，大湾区的人员、物资、资金、信息的流动更加便捷，表现为各空间单元间的相互作用不断增强，而各空间单元之间的相互作用是促进空间协同发展、城镇体系不断完善的粘合剂。可以说，空间相互作用是空间网络研究的重要基础（图5-1），通过空间相互作用研究可以分析粤港澳大湾区空间网络的中心和腹地、核心与边缘、层级结构等，并且可以通过时间维度动态考察大湾区空间网络的形成，掌握演进的过程规律。但作为一个包含珠江三角洲与港澳在内的大尺度空间，内部的社会经济发展状况与资源禀赋差异极大，有效的空间格局还未形成，空间非均衡化、碎片化的发展局限性仍旧明显。因此，本书试图在以区县为基本研究单元的基础上，利用修正引力模型、社会网络分析等空间分析方法，在空间相互作用理论的基础上展开对粤港澳大湾区空间网络的分析，可以进一步对粤港澳大湾区发展状态进行更为深入的探索。

5.1.2 社会经济发展的时空差异

社会和经济力量的壮大、组合、嬗变，强烈地作用于城镇空间，是影响空间网络变化的核心因素。同时，社会发展与经济发展是空间要素相互作用的结果，并形成很强的关联性。社会经济的发展会吸引更多的人口，促进区域的发展与城镇空间的扩张，同时人口的增加为社会经济发展带来了更多动力，并推动城镇空间质量的提升。本书首先通过经济总量、人口密度等角度了解粤港澳大湾区发展演变的时空差异。

对粤港澳大湾区在1988～2018年的生产总值与常住人口进行统计，其中，生产总值可统一换算为1990年的不变价，且1990年以前的常住人口统计取自户籍人口。由此计算，1988～2018年，粤港澳大湾区生产总值增长37.12倍，年均增速为12.8%；常住人口增长2.57倍，年均增速为3.2%。由图5-2可以看到两者存在一定的线性相关，但是其中又存在明显的阶段性特征。在对人均GDP增速进行分析中发现，1998年和2009年两个时间点的GDP增长非常缓慢，尤其是亚洲金融危机后的1998年。在此基础上，以1998年和2009年为间隔，分别计算1998年、2009年和2018年三个阶段常住人口与生产总值的相关系数，结果分别为0.9871、0.9827、0.9813；以所有年份的数据计算，相关系数为0.9378。不断降低的相关系数以及全部年份相关系数的较大差异表明，在三个阶段中常住人口与生产总值的相互关系差异性明

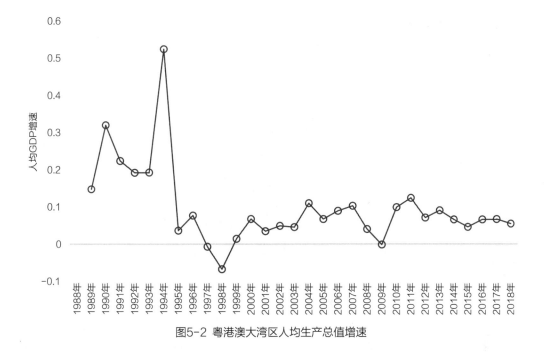

图5-2 粤港澳大湾区人均生产总值增速

显：1988～1998年，每增长常住人口1万人，会增长10.55亿元的生产总值；1998～2009年，每增长常住人口1万人，大约增长16.83亿元的生产总值；然而在2009～2018年，每增长常住人口1万人，生产总值的增幅高达60.01亿元。发生这种转变的原因是多方面的，但是与区域的发展模式密切相关。

自改革开放以来，珠江三角洲地区利用自身优势吸引大量外来资本与技术，粤港澳三地合作关系非常密切，区域的人口以及经济的增长非常迅速，但1997年出现的亚洲金融危机对整个区域的发展造成了巨大冲击，使该阶段经济增长缓慢，甚至下降。进入21世纪后，随着2001年中国加入世界贸易组织（WTO），2003年内地与港澳分别签订《关于建立更紧密经贸关系的安排（CEPA）》，以及中央政府决定逐步开放内地赴港澳"个人游"，港澳获得了内地巨大的旅游市场资源，粤港澳大湾区的发展又一次提速。同时，粤港澳的合作由"前店后厂"模式逐渐转向多样化发展模式，区域之间联系不断加强。2008年，全球金融危机爆发，以金融服务业为主的香港和以出口加工为主的珠江三角洲发展受很大影响，从而面临一个大幅度动荡期。全球金融危机后，国家迎来新一轮发展机遇，一系列的战略与政策带来更多利好，其中"一带一路"、国家战略性新兴产业、中国制造（2025）等促使粤港澳三地合作进一步深化，粤港澳的发展进入新的阶段，社会、经济、文化等方面开始全面融合。随着粤港澳大湾区发展不断转型，常住人口增速逐渐放缓，但是生产总值增加明显，尤其是第三产业的贡献率显著升高，占比均在60%以上。根据2019年英国智库Z/Yen集团发布的全球金融中心排行榜（GFCI），粤港澳大湾区的三座核心城市香港（3）、深圳（14）以及广州（24）均在提名中。对于湾区内的社会经济的发展等级本书采用位序—规模法进一步分析。

1. 位序—规模分析

区域经济学领域探测发展水平的规模分布，较为常用的是位序—规模法则，也称为Zipf法则。位序—规模法则即以城市的位序与规模的关系来体现区域内城市体系的规模分布，1913年由奥尔巴克（F. Auerbach）提出，1949年捷夫（G. K. Zipf）给出了具体公式，表达为：

$$P_r = \frac{P_1}{R} \qquad\qquad (5\text{-}1)$$

式中：P是城市的规模指标，以生产总值或人口来衡量；R是城市的位序。在此基础上本书采用的是罗特卡模式的一般化：

$$P_i = \frac{P_1}{R_i^q} \qquad\qquad (5\text{-}2)$$

式中：P_i是第i位城市的规模指标；q是常数，捷夫模式可以说是$q=1$的特例；同样，P_1是最大城市的规模指标；R_i是i城市的位序；为了更为清晰地表达，进一步对公式（5-2）取对数得：

$$\lg P_i = \lg P_1 - q \lg R_i \qquad\qquad (5\text{-}3)$$

根据公式（5-3），将城市规模作双对数散点图，并用线性回归进行模拟计算，即可得出位序—规模法则的线性方程。当$q=1$时，说明了该区域中的城市规模分布符合位序—规模法则。当$q>1$时，说明发展多集中于大城市，小城市的发展水平较低，反映该区域的资源要素多集中在核心城市，表现为更多的集聚效应，核心城市对周边城市发展的拉动较弱。当$q<1$时，说明城市规模分布均等，没有特别突出的城市，反映该区域核心城市的地位不明显，会缺少带动区域发展的驱动引擎。根据Zipf法则对粤港澳大湾区的人口规模与生产总值分别进行测算，结果如图5-3所示。

以城市为分析单元，通过位序—规模指数分析发现：1988～2018年国内生产总值的Zipf指数变化明显，由1988年的1.636逐渐降落到2018年的1.175，而人口的Zipf指数则一直

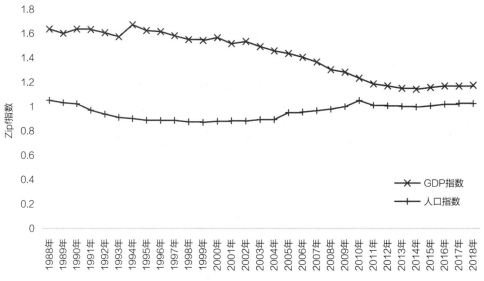

图5-3 粤港澳大湾区Zipf指数

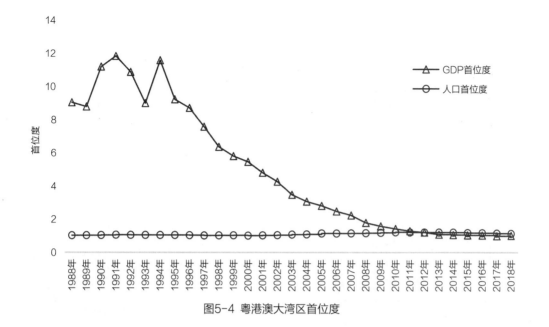

保持在1左右。说明粤港澳大湾区城镇化过程中最大的差异表现在经济方面，城市间生产总值发展的集聚化程度高，相比之下，人口规模的差异性相对较小。再通过城市首位度分析（图5-4），测算得到的值发现，粤港澳大湾区首位度在1991年达到最高值11.83，第一位城市香港的经济规模是其余10座城市经济规模总数的3倍，极化现象非常严重。发展到2018年，首位度下降到1.02，显示出粤港澳大湾区发展由极不均衡开始趋向于均衡。但是整体来说，经济规模主要集中于香港、深圳、广州三座城市，其经济发展水平接近，三市的经济体量占到70%以上，因此粤港澳大湾区经济发展的均衡趋势源自这三座核心城市的量级平衡，区域整体则是"均衡与不均衡"兼而有之，即在"广佛肇""深莞惠"组团内符合"位序—规模"法则，而粤港澳大湾区整体则处于"三足鼎立"的状态。如果以人口规模来分析，粤港澳大湾区则符合"位序—规模"法则，首位度一直保持在1.01~1.19，但是同样存在前两名城市人口规模相近的情况，只是由最初规模最大的广州和香港替换为现在的广州和深圳，在其余城市同时存在两两相近的情况。通过对粤港澳湾区城市规模分布的测算，在整体水平上不均衡发展的问题有所缓解，并且形成了以香港、深圳和广州为核心的发展态势。

2. 社会经济的空间分析

为了更为详细地表现出社会经济发展的空间差异，结合前文分析，进一步在区县及组团单元层面基于半变异函数理论模型，选取间隔为10年，且具有明显差异的1998年、2008年、2018年三个年度的粤港澳大湾区社会经济发展进行空间的统计分析，并采用普通克里金（Kriging）法进行空间差值计算（图5-5）。结果显示，粤港澳大湾区内部空间的经济规模、社会发展具有明显的空间差异性。

经济规模方面，1998年经济发展极核位置在香港岛，整体空间绝对差异明显，表现为香港与其他区域的两极分化。2008年，经济发展由香港向北逐渐延伸，并在广州与佛山主

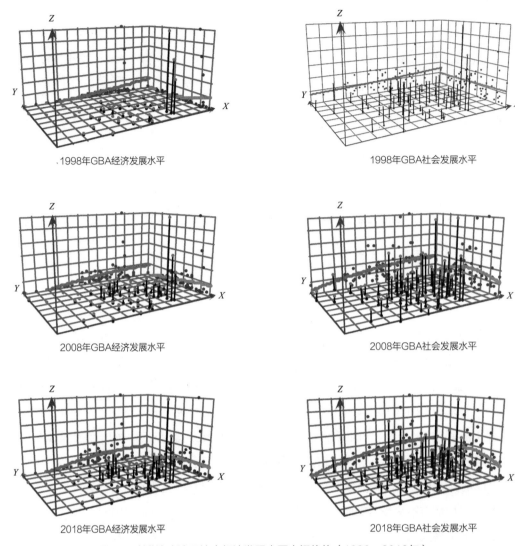

1998年GBA经济发展水平　　　　　　　　　1998年GBA社会发展水平

2008年GBA经济发展水平　　　　　　　　　2008年GBA社会发展水平

2018年GBA经济发展水平　　　　　　　　　2018年GBA社会发展水平

图5-5　粤港澳大湾区社会经济发展水平空间趋势（1998～2018年）

城区形成另一个次级发展区域，但最高值仍在香港，沿南北发展轴线向两侧呈现明显的
空间梯度布局。到2018年，经济发展的空间布局是由港深和广佛两个核心区域向外围转
移，呈现明显的放射扩散，并且沿海湾岸线显示出明显的区域优势。这一情况说明粤港澳
大湾区经济发展水平呈现出由单极向多极的转变，经济发展与空间扩展呈现出一定的耦
合性。

　　社会发展方面，粤港澳大湾区社会发展的空间格局恰好与经济发展趋势相反。1998年，
人口分布相对分散，除了香港、深圳、广州、佛山的人口密集区以外，江门市的恩平、台
山，惠州市的博罗与肇庆市的封开、怀集等外围区域人口分布也较均衡。2008年，海湾东岸
的深圳和东莞成为人口发展最迅速的区域，其中深圳的生产总值和常住人口增速均远高于其
他城市。人口分布由海湾东岸向外围依次递减，呈梯度布局。2018年，人口分布进一步向海

湾东岸集聚，而广州、珠海、佛山和中山四市，常住人口的增速处于粤港澳大湾区平均水平，至于惠州、江门、肇庆等外围区域，以及发展成熟的港澳地区，常住人口增速则显著低于粤港澳大湾区的平均水平。

总体来说，1998～2018年粤港澳大湾区人口逐渐向港深与广佛的轴线上集聚，经济发展则呈现出扩散效应，从侧面反映出空间分工逐渐清晰，由此基本形成了以港深和广佛为集聚中心的多核心发展的区域空间格局。

5.1.3 空间连通性的增强

空间的活力源自连通性，交通联系不但会完善空间网络，而且对城镇空间的拓展方向有着极强的引导性。空间网络的存在意义是为了实现空间要素之间的交流，各类空间要素参与到网络中获取相应的利益，而这也正是社会经济得以发展的首要原因。完善的基础设施是空间联系发生的基本前提，交通与通信作为实现空间各类要素交往的载体，是基础设施的核心，其技术创新带来的"时空压缩"效应，可以降低要素流动成本。粤港澳大湾区现已形成公路、铁路、水运、航空等多种方式组成的立体交通，表现为典型的网络化发展体系。从体量来看，具备全球最大的机场群和港口群，三横九纵的高速网，逐渐密集的城际轻轨及跨海大桥[171]。

1. 公路系统

粤港澳大湾区的公路运输在交通体系中拥有绝对的主导地位，这与该区域密集的制造业相关，适应于中短距离的货运交通需求。广东省首条高速公路广佛高速公路于1986年动工建造，1989年建成通车，极大地促进了北部的东西方向的联系，促进了广佛的经济一体化，同时也紧密地联系了肇庆与惠州，是粤港澳大湾区东西两翼连接的主轴线。随后，广深公路的修缮促进了沿线产业集聚，产生了穗深港经济走廊，形成区域的最强辐射轴。广珠公路是贯穿海湾腹地的另一条辐射轴，联系了广州、佛山、中山、珠海，沿线产业密集、城镇众多，可直达澳门。从2000年起，为了促进区域内部空间融合，广东省与地方政府推出一系列政策和配套项目，大规模修建高速交通设施来改善区域连通性。截至2018年，根据统计年鉴等资料，粤港澳大湾区拥有公路里程69143.87km，其中高速公路4353.75km，并在2020年公路总长度达到了80114km以上，公路密度达到1.95km/km²。总体呈现以广州、深圳为核心，邻近城市为腹地的放射状关联格局，整体符合空间距离愈短，城镇关联愈强的特征规律，各城镇首位联系多指向于距其最近的中心节点，并且在经济发达的区域形成了密集的公路网（表5-1）。同时，深港西部通道、港珠澳大桥为三地的连通与通关形成了新的模式，突破了内地与香港、澳门行政区连通性的欠缺，也促进了粤港澳大湾区一体化基础设施的完善。

粤港澳大湾区公路系统运量统计 表5-1

图例
—— 高速公路
—— 省道
—— 县道
—— 其他道路

年份	客运量（万人）	货运量（万t）
1998年	21384.15	19519.63
2008年	51603.04	88253.26
2015年	80132.33	169101.74
2016年	80512.06	173755.12
2017年	82069.08	182265.16
2018年	82358.91	190437.19

2. 铁路系统

粤港澳大湾区融入国家高铁网系统的同时，京广、京九、广九、广深、广珠、广深港、广梅汕、广茂湛等铁路系统将大湾区内部也紧密地连接起来，加深了内部空间的沟通，对区域的发展产生了深远影响（表5-2）。铁路交会处的广州、深圳两市对外联系总量最高，并成为其他城市的首位、次位联系目标。铁路交通的跳跃性特点使得空间距离影响得以减弱，粤港澳大湾区外围与核心可以保持较强联系。城际列车呈现以广州为核心的"星"形格局，突出目前广州是铁路交通的枢纽区域，同时，广州与其他城镇空间互通的高铁班次数量也最多，深圳、珠海等市虽开通有高铁线路，但对外联系频次较少。为适应新的发展需求，粤港澳大湾区开始构建以"公交化"运输模式打造区域的城际轨道网络，现已建成广深城际铁路、广珠城际和广佛地铁等。广深港高铁的建成，使得广州、香港的行车时间缩减至48min，深圳至香港九龙行车时间仅需15min，广深港的空间联系进一步增强，通过这一铁路转车去上海和北京分别只需8h和10h。城际轨道网络作为空间联系流的重要载体，同样对原有空间网络造成巨大的冲击影响。未来的大湾区将建成环湾快速轨道，实现湾区内圈层核心站点半小时内相互抵达，并且环湾核心区域要一小时交通圈覆盖，而湾区全域两小时交通圈完全覆盖。时空距离的压缩会让粤港澳大湾区的核心地区拥有更大的腹地，让资源要素更方便地汇聚，促使规模效应和外部效应进一步强化。由此形成交通一体化的湾区，空间联系程度将大为加强，行政边界被穿透打破的同时区域性协调也会提高。与此同时，粤港澳大湾区的发展将会重视城际轨道沿线的站场，并以此为节点进行空间开发，这种情况会导致新的空间开发理念，从而强化或减弱区域原有的空间节点能级，激发空间资源要素的多元配置。

粤港澳大湾区铁路系统运量统计 表5-2

	年份	客运量（万人）	货运量（万t）
	1998年	3927	2189.67
	2008年	11426.9	2684.12
	2015年	18107.7	2603.13
	2016年	19843.36	2865.02
	2017年	21416.83	2890.72
	2018年	25148.64	3246.42

3. 水运系统

水运的便利开启了粤港澳的繁荣，对其社会经济的发展起到了至关重要的作用，未来，粤港澳大湾区也将会借助水运而进一步腾飞。在港口建设方面，大湾区内拥有香港、澳门、广州、深圳、珠海等23个不同规模等级的港口，组成了集装箱吞吐量远超其他国际湾区的港口群（表5-3）。其中，广州港是中国主要枢纽港之一和华南最大的综合性港口。截至2018年，广州港已通达世界各地的400多个港口，港口整体的货物吞吐量排名世界第五。深圳港口近年来发展迅猛，到2018年开通国际航线共239条，可以覆盖世界范围内的十二大航区，可连接世界各地的300多个港口，吞吐量可达2.51亿t。香港港作为天然良港，是国际的航运中心，也是全球最高效、最繁忙的集装箱港口，目前可连接世界各地500多个目的地。其余城市也都建设有不同类型的港口，如东莞虎门港、中山港、江门大海港等。若是在没有合理规划的情况下，大湾区内部港口群的大量开发将会引起日趋激烈的竞争，造成资源浪费，从而影响区域的长远发展。

与此同时，粤港澳大湾区内部拥有丰富的水资源，水路相连、水网密集，是全国水运资源最优越的区域之一，但是内部通过水运进行客运组织的流通量却依然较小，截至2018年，内部水上高速客运量约3000万人次。主要的航线可分为：粤港澳跨境水上高速客运航线，包括粤港市区航线，具体有南沙、珠海、江门、中山、顺德、斗门、高明、鹤山、莲花山至香港市区；机场航线，具体有珠海、东莞、中山、南沙、蛇口、福永、澳门氹仔、澳门外港至香港国际机场；粤澳航线，具体有福永、蛇口至澳门氹仔与外港；港澳航线，具体有中国客运码头、屯门客运码头、港澳码头至澳门氹仔与外港[172]。除此以外的内部客运航线，无论是数量还是规模都远远小于应有量级，且不成体系。

粤港澳大湾区水运系统运量统计　　　　　表5-3

年份	客运量（万人）	货运量（万t）
1998年	2461.59	30799.45
2008年	3846.41	52517.02
2015年	4509.94	83874.42
2016年	4376.88	91449.77
2017年	4354.68	103545.52
2018年	4319.67	107405.71

4．航空系统

目前，粤港澳大湾区大小共计7个机场，包括香港国际机场、澳门国际机场、广州白云国际机场、深圳宝安国际机场、珠海金湾机场、惠州平潭机场、佛山沙堤机场。其中4个国际机场在2018年的货运吞吐量近830万t，客运吞吐量也超过2亿人次，运输规模已经超过东京、伦敦、纽约等世界级机场群（表5-4）。统计数据显示，机场的货运与客运量均保持增长，香港国际机场在粤港澳大湾区主要担负国际枢纽的角色，然而广州白云与深圳宝安两大国际机场的客运量在区域中的占比也在不断升高。2019年，广东省发展和改革委员会提出围绕粤港澳大湾区着力打造世界级的机场群，到2020年，机场群内货运吞吐量达到1000万t，客运总吞吐量将突破2.5亿人次，成为辐射全球的国际级航运枢纽。面向未来，珠江三角洲新干线机场现在正在规划选址，深圳宝安国际机场第三跑道和广州白云国际机场三期也正在加快项目的前期建设，惠州平潭机场正在建设二号航站楼，而佛山沙堤机场则计划整体搬迁至高明区。随着粤港澳大湾区内外枢纽角色的不断加强，机场群的系统建设将会越发重要，只有通过利益共享，合理安排，才能对外有利于扩大交往和文化交流，对内有利于空间的协同发展和区域一体化。

粤港澳大湾区航空系统运量统计　　　　　表5-4

年份	客运量（万人）	货运量（万t）
1998年	3036.22	193.7
2008年	9113.24	474.63
2015年	15816.74	634.58
2016年	16849.13	675.36
2017年	18068.89	729.48
2018年	19517.3	751.7

总体而言，粤港澳大湾区的交通系统正在综合化、系统化，形成了多个地区性的交通枢纽，由于地理位置与政策体制差异，各地的交通设施发展不均衡，并且随着空间流通性的加强，交通面临着较多问题。如东西两岸联系较弱、跨境通道运作机制不足、港口群业务分布不均、机场群内部竞争加剧，以及大湾区内部强联系数量仍旧以公路交通系统为主等。但随着粤港澳大湾区的一体化程度不断深入，这些问题将会逐一得到解决，空间要素在大湾区将会更充分地自由流动，而大运量的轨道交通会让要素流动更加提速。

5.2 空间节点与联系特征变化

以功能单元为空间节点，其特征分析可以在更为微观的层面，揭示粤港澳大湾区的空间联系和空间等级体系，以此为基础可以进一步解析空间网络组织。

5.2.1 引力矩阵设计

万有引力是具有质量的物体之间所形成的一种相互作用力，其大小在于物体的质量和物体间的距离，由此形成的引力模型被广泛应用于地理距离衰减、空间相互作用等领域，是空间联系分析中最经典、最常用的模型。1942年，学者捷夫（G.K.Zipf）采用万有引力定律进行城市体系分析，从而奠基了空间相互作用理论[113]。后经众多学者的不断研究完善，形成了空间联系的定量计算方法。根据万有引力公式，本书以"空间质量"作为评测空间相互作用的一个变量，在一定意义上具有"空间发展潜力"及"空间竞争力"的含义，是指城镇空间以其在自然、社会、经济等方面的综合实力为基础，通过吸引资源要素形成集聚效应，最终表现为更为持续的发展能力和提高其社会福利水平的能力。

1．空间质量评价

"空间质量"既包括以综合实力展现的静态竞争优势，也包括以吸引和配置资源要素流动展现的动态比较优势。而要素的流动包括人流、资金流、信息流、技术流等"流体资源"，在各类通道支撑下实现在一定空间内的集聚和扩散，使得空间联系趋向紧密，资源要素的集聚与扩散作用成为促使空间网络演变的主要作用机制。由于空间本身是一个由其基本要素构成的相互作用、有机联系的整体，要素作为测度"空间质量"的基础，也是空间发展潜力以及竞争力的表现，在要素之间形成不同程度的相关性[169]。据此，本书借鉴学者许学强（2006）评价珠江三角洲城市群城市竞争力所建立的评价指标体系，并根据本书研究重点，将空间规模、空间环境、经济实力、金融实力、产业结构，及人力资本作为主要要素，建立粤港澳大湾区"空间质量"的评价指标体系（表5-5）。该指标体系包括三个层次，具体为：第一层次为目标层，即空间质量；第二层次为子要素层，包括6个方面；第三层次为基本变量层，由12个指标构成，以此作为粤港澳大湾区"空间质量"评价及空间网络分析的基础。首先，空间规模与环境是空间发展潜力的综合静态体现，也是空间参与竞争，取得比较优势的基本前提。一方面为城镇能力的充分发挥提供基础平台作用，另一方面也直接体现着空间发展的目标。其次，经济与金融实力主要体现空间的发展能力，不但可以为空间积累更多的财富，强化空间基础竞争力，还可以为社会经济的进步提供基础保障和强有力的动力支撑。最后，城镇空间既是人口的聚集中心，也是第二、第三产业的汇集地，空间吸引、集聚和利用各种要素的最终结果也是通过城镇的发展，以及人的获得来体现的。在这个过程中，空间网络形成一种资源要素转换的作用，这种作用体现在空间网络的组织能力，又同时受制于空间的吸引能力、集聚能力、创新能力，以及对外开放能力等[112, 173, 174]。上述几种要素一起共同构成空间的发展潜力，这也是空间竞争力的核心体现，同时各要素层又由若干变量构成，这些变量之间具有一定的兼容、交叉性。

从系统论的观点看，空间质量评价指标体系是一种动态循环的反馈系统。如果空间质量高，该空间一方面有能力发展更好的、更高层次的空间环境，提高市民福利水平；另一方面会对空间质量提出更高的要求，从而促进空间的进一步发展。由此成为一个正向的反馈系统，随着这个正向的反馈循环次数逐渐增加，空间质量会得到不断提升。鉴于空间质量评价的综合性与客观性，对于12个指标应用TOPSIS法对评价指标进行计算。

空间质量评价指标   表5-5

目标层	要素层	基本变量层
空间质量（M）	空间规模	城镇空间面积、常住人口
	空间环境	城镇空间绿化覆盖率、旅游收入
	经济实力	国内生产总值、社会消费品零售总额、全社会固定资产投资
	金融实力	金融机构的贷款余额、金融机构的存款余额
	产业结构	第三产业从业人员比重、非农产业占国内生产总值比重
	人力资本	从业人员数

2. 引力模型与社会网络分析

本书构建引力模型旨在揭示空间联系的状态，在考虑现实交通因素与通关条件的基础上，采用空间单元间的时间成本距离测度可达性。因此，引力模型评价指标主要选取空间质量和空间单元之间的交通时间，计算各个空间单元之间联系的引力模型可以表示为：

$$G_{ij} = K \frac{M_i M_j}{T_{ij}^b} \qquad (5-4)$$

式中：G_{ij}为i、j空间单元间的相互作用力；K为引力常量，通常取1；M_i、M_j分别为i、j空间单元的质量；b为距离摩擦系数，参考相关研究并结合实际，取$b=1$；T_{ij}为i、j空间单元间的最短时间距离。

在引力模型的基础上，本书将会应用社会网络分析（SNA）进行组织特征的测度，这就需要进一步对相互作用的空间引力数据进行处理。由于空间本身具有非均衡性和复杂性的特点，从而导致空间引力作用存在非对等性。为突出空间网络的这一特征，研究以"空间质量"占两个联系空间单元质量之和的比重来表达有向性，空间引力作用强度的测算公式如下：

$$F_{ij} = \frac{M_i}{M_i + M_j} \frac{M_i M_j}{T_{ij}^b}; \quad F_{ji} = \frac{M_j}{M_i + M_j} \frac{M_i M_j}{T_{ij}^b} \qquad (5-5)$$

$$O_i = \sum_j F_{ij} = \sum_j \frac{M_i}{M_i + M_j} \frac{M_i M_j}{T_{ij}^b} \qquad (5-6)$$

$$D_i = \sum_j F_{ji} = \sum_j \frac{M_j}{M_i + M_j} \frac{M_i M_j}{T_{ij}^b} \qquad (5-7)$$

$$SF_i = O_i - D_i \qquad (5-8)$$

$$TF_i = O_i + D_i \qquad (5-9)$$

式中：F_{ij}为空间单元i对j的作用强度，F_{ji}则相反；O_i为空间单元i对外作用强度的总和，实际含义是区域内空间单元i对其他空间的影响力；D_i为所有其他空间对空间单元i作用强度的总和，实际含义是区域内空间单元i受其他空间影响的程度；SF_i为空间单元i的空间作用强度出度和入度的差；TF_i为空间单元i的空间作用强度总量；综上，本研究将由空间单元自身变量$\{M_i, O_i, D_i, SF_i, TF_i\}$与各空间单元之间引力变量$\{G_{ij}, F_{ij}, F_{ji}\}$，一起来搭建对粤港澳大湾区空间网络的分析框架。

3. 数据来源与处理

为保证研究数据与统计资料的一致性，具体分析研究以当年的行政区划为标准，时间选择香港回归后的1998年、2008年、2018年三个时间截面。城镇空间面积数据基于本书第5章的分析，而其他变量数据主要来源于各城市的统计年鉴（刊）、广东省统计年鉴、中国城乡建设统计年鉴、中国县域统计年鉴、香港人口及住户统计资料，以及各城镇的统计公报和政府工作报告，个别缺失数据通过趋势外推或插值法得到。

对于空间单元间时间成本距离的测度，首先，考虑到空间单元之间主要运输方式有航空、水运、铁路、公路等。其中，航空、水运、铁路运输仅在区域部分空间单元存在，且主要承担长距离运输，而四通八达的公路交通网络承担着区域内部各空间单元间主要的交通联系。再者，虽然城际铁路发展较快，但区域内拥有站点的空间单元仍较少，不适于较小空间单元的计算分析。因此，本书研究以空间单元之间的公路耗时作为选取距离的依据。路网数据来源于广东省交通图以及香港、澳门交通图，借助ArcGIS对其进行空间配置和数字化，建立网络数据集，通过网络分析功能测算空间单元间的最短时间距离矩阵。由于采用的是时间单位，根据《公路工程技术标准》JTG B01来设定不同等级公路的车行速度，具体为：高速公路120km/h、国道80km/h、省道及以下道路60km/h。

5.2.2 空间节点分析

在空间网络的组织中，节点是其核心部分，在这里研究将粤港澳大湾区内每个空间单元看作一个节点，并且通过上述公式对基础数据的统计分析和归纳处理，测算得出1998年、2008年和2018年三个阶段每个空间节点的内在特征。从整体发展看，粤港澳大湾区空间综合实力得到了较大幅度的提升，相应的空间作用强度也有了增长。但是由于各地方的政策制度、地理区位、基础设施等发展条件的差异，空间节点发展有着较大的不同。

1．空间质量指标分析

粤港澳大湾区内部各空间节点的综合质量指标在升高的同时，呈现出阶段性的变化（表5-6～表5-8）。在1998年，空间质量指标的变异系数为1.4，这一数值在2008年下降到0.94，但在2018年又回升至0.97，数值"高—低—高"的变化体现出在整体空间质量的提升中，各空间节点的差距在1998～2008年的发展期间趋向于减小，但是在2008～2018年期间这种差距又逐渐拉大。

1998年空间节点特征　　　　　　　　　　表5-6

统计描述	M	O	D	TF	SF
最小值	0.0014	0.0001	0.0065	0.0066	−0.1545
最大值	0.9476	3.6373	2.4645	5.8075	1.4671
平均值	0.123	0.3308	0.3308	0.6617	0
总值	7.2543	19.5198	19.5198	39.0397	0
变异系数	1.3967	2.0032	1.4357	1.7103	—

2008年空间节点特征　　　　　　　　　　表5-7

统计描述	M	O	D	TF	SF
最小值	0.031	0.0276	0.1576	0.1852	−0.3199
最大值	0.9551	3.9521	2.6506	6.3016	1.7138
平均值	0.1831	0.7614	0.7614	1.5227	0
总值	11.1693	46.4429	46.4429	92.8859	0
变异系数	0.9376	1.1857	0.7525	0.9615	—

2018年空间节点特征　　　　　　　　　　表5-8

统计描述	M	O	D	TF	SF
最小值	0.0342	0.0229	0.1183	0.1412	−0.6574
最大值	0.978	7.7854	5.9336	12.8072	3.369
平均值	0.1985	1.2929	1.2929	2.5857	0
总值	12.8997	84.0357	84.0357	168.0713	0
变异系数	0.9699	1.4152	0.9377	1.1651	—

从分值和排序来看，香港的整体位序最高，空间质量指标值远大于湾区内其他地区。1998年，处于香港市核心的香港岛（0.95）是澳门半岛（0.24）的3.96倍、广州市最高值空间节点越秀区（0.21）的4.52倍、深圳市最高值空间节点罗湖区（0.2）的4.75倍，占到了大湾区空间质量指标总值的13%。由于这一时期珠江三角洲的发展模式以"三来一补"为主，"前店后厂"的粤港澳大湾区地域分工与合作，使得大多数城镇并不注重自身的综合发展。因此，除去港澳两市，以及其他各市主城区外的空间节点质量指标值均在0.1以下，"极化"现象比较明显。

进入21世纪，随着内地发展速度逐渐加快，珠江三角洲开始有序地进行规划建设。由于经济关联、交通连接、区位邻近等原因，广东省委、省政府与建设部联合组织编制的《珠江三角洲城镇群协调发展规划（2004—2020年）》中，提出了珠中江、深莞惠、广佛肇作为珠江三角洲三大组团的规划思路。珠江三角洲9市的发展开始提速，各城市核心区的内聚影响能力随时间的推进都呈现出不同程度的增长趋势，但是同期的澳门整体空间质量提升相对较慢，与之对应的是广州、深圳核心区域的空间影响力递增，如越秀、天河、福田、南山的发展势头非常明显。发展到2008年，香港仍领先于其他区域，但是差距逐渐缩小，根据空间质量指标值显示，香港岛（0.96）是广州市最高值空间节点越秀区（0.36）的2.67倍，深圳市最高值空间节点福田区（0.34）的2.82倍，澳门半岛（0.3）的3.2倍，占大湾区空间质量指标总值也下降到8.59%。其他各市的空间质量指标值增长速度较快，中山、东莞两市主城区表现得最为明显，其增幅达4倍以上。其次，整体区域发展趋向"均衡"态势，其中穗港深属于空间质量指标的高位区，而其余城市主城区处于次一级，指标值在0.2左右。而低位区除了外围的封开、德庆、龙门等空间节点外，还包括大亚湾等新开发区域，指标值都徘徊在0.1。

2008年国际金融危机以后，粤港澳大湾区的合作进一步加深，以基础设施建设带动整体区域发展的思路更加明确。各类开发区、产业园、创新平台极大地改善了原有工业城镇的生活与生产条件，尤其始于珠江三角洲的"三旧改造"模式，对"旧村居、旧厂房、旧城镇"的改造已不仅仅是装饰整修建筑的外观，也关注到了文化内涵、内部经营等多方面的提升，促使大湾区空间质量飞速提高。广深两市在经济崛起和交通网络化建设的大背景下，其外向服务功能和辐射扩散能力得到了极大的强化，并且推动了对周边区域的辐射带动作用。同时，粤港澳大湾区由以香港为主要领头羊的格局，真正转向以穗港深三核共同引领的局面，但与此同时，广深对于资源过强的吸取能力，使得大湾区的发展再次出现"极化"特征。到2018年，空间质量指标的香港岛（0.98）依旧排在第一位，后续依次为广州最高值空间节点天河区（0.52）、深圳最高值空间节点南山区（0.51）以及澳门半岛（0.39）。除了这几处核心空间以外，香港的九龙、新界及离岛，广州的越秀，深圳的福田、龙岗等空间质量指标均在0.4以上，并以此组成高值区逐渐向外成圈层降低。广州市黄浦区、海珠区、白云区、番禺区，深圳市宝安区、罗湖区、龙华区，佛山市禅城区、南海区、顺德区，东莞市主城区、西南、西北组团，珠海市香洲区，中山市主城区等17个空间节点空间质量指标处于0.2~0.4

之间，外围城市肇庆、江门等城市主城区的空间质量指标则增长缓慢，均在0.1～0.2之间，其余空间节点则在0.1以下。

可以发现，粤港澳大湾区空间质量整体呈现出南北两个高值区，且空间节点的发展各具特点，与大湾区外围空间相比，在占据优势区位的条件下，环湾空间节点的发育较为明显。

2．空间相互作用强度变化

空间相互作用力强度是空间节点影响力的主要体现，粤港澳大湾区空间相互作用强度的变化，本书以空间相互作用强度出度（O）与入度（P）的和（TF）与差（SF）来分别说明。

首先，空间相互作用力强度总和（TF）在1998—2018年期间不断增强，空间相互作用的大幅度增加也反映出粤港澳大湾区内部空间联系的加强，以及网络组织的密集化。通过相互作用强度的变化可以看出，深圳市的变化最大，其中，南山增强了22.79倍，宝安增强了13.28倍，福田增强了11.96倍，远高于香港岛空间相互作用强度变化的2.1倍；东莞市与中山市的变化次之，其中，东莞中心组团增强了16.22倍，而中山中心组团增强了13.38倍，其余组团增加值都在10倍左右。可以看出，变化较大区域均处于环湾内圈层，相较于中间圈层的顺德（7.87倍）、南海（5.32倍）、天河（6.64倍）、番禺（4.95倍）以及惠城（7.86倍）的变化来说高出不少。变化最小的基本都处于大湾区的外围区域，如开平（1.58倍）、新会（1.46倍）、恩平（1.23倍）、怀集（1.21倍）、广宁（1.21倍）、封开（1.08倍）以及德庆（1.05倍）。这种变化呈现出环湾内外的非均衡性，内侧区域的相互作用强度增加远高于外侧区域，这可能缘于产业结构和基础设施建设的共同作用有利于空间网络组织的有效性，同时内部圈层交通网的密度与可达性也远远高于外围地区。

其次，空间节点ST值的大小从某种程度上可以表现为自身所处网络结构中的地位特征，正值数量越多则说明区域内形成了较多的中心以及次中心。在粤港澳大湾区所有的65个空间节点中，1998年的正值数量为11个，占到总数的17%，主要位于香港、澳门以及广州的核心区，如香港岛（1.46）、越秀（0.34）及澳门（0.08）等，其中香港岛则处于绝对的主导地位。到2008年，正值数量占比增加到31%，次中心区域明显增多，除上述空间以外，还加入了深圳、佛山、江门及肇庆等城市的核心区。如，香港岛（1.71）、越秀（1.06）、福田（0.41）、顺德（0.36）、澳门半岛（0.15）、蓬江（0.01）以及端州（0.01）。然而到了2018年，正值数量的比例又降低至20%，且大多集中在穗港深三市的核心区域，与其余地方的差距也在逐步拉大，其中，香港岛（3.37）、天河（2.71）与南山（1.72）三个空间所形成的极核特征非常明显。其余空间如顺德（0.45）、澳门半岛（0.38）等空间节点的数值均在0.1以下，整体已明显地呈现出由"穗港深"为核心的空间结构。

总体而言，在综合各个时段的数据分析中可以看出，在不同时期粤港澳大湾区空间发展的差异性较大，但是总体的发展趋势都在向打造高质量的空间而努力。与此同时，在发展进程中需要处理好"极化与均衡"的关系，实现空间结构向合理有序演进，加大粤港澳大湾区的空间联系密度，促进空间结构由圈层结构与网络结构相协同。

5.2.3 空间联系状态

空间联系是空间网络形成与发展的基础，为探求粤港澳大湾区空间节点的组织以及空间联系状态，在顾朝林（2008）等学者研究的空间联系理论基础上，根据最大引力连线分布对粤港澳大湾区空间联系进行探究。引力连接线的2个端点代表了汇入地和流出地，由此判定最大引力线汇入量级越高，其空间节点的支配地位就越高，从而对其他空间的影响力就越大，从而成为空间等级体系的核心区。核心区所有最大引力线的连接空间则为其辐射范围，核心区连同其辐射区组成结节区域，这种结节区域就是所谓的空间结构体系，是空间联系和空间组合的基本表现形式之一[175, 176]。因此，可以根据空间作用强度总量（TF）大小和最大引力连接线数目（N_{max}）来分析空间节点等级。需要注意的是，并不是作用强度总量大就一定成为核心空间，如香港的九龙半岛、新界等空间的作用强度总量排序普遍靠前，但是由于缺少相应的辐射影响区域，导致其自身不能成为核心空间节点。

针对粤港澳大湾区空间节点以及空间联系值的特征，以最大引力连接线数量（N_{max}）和空间质量（M）对空间节点进行以下分类：Ⅰ级空间节点，（$N_{max} \geqslant 9$）或（$N_{max} \geqslant 2 \& M \geqslant 3A$，"$A$为空间节点质量的平均值"）；Ⅱ级空间节点，（$N_{max} \geqslant 6$）或（$N_{max} \geqslant 2 \& M \geqslant 2A$）；Ⅲ级空间节点，（$N_{max} \geqslant 3$）。最终得出1998、2008、2018年三个时期的空间联系状态，并绘制粤港澳大湾区空间联系演化图（图5-6）。由空间联系状态可知，空间连线数越高，空间在群体中所处的位置越核心，这体现出核心空间与周边空间在产业分布、劳动力和地价等方面的差异性，便于空间之间的功能互补、协同进步。

1. 空间联系的变化

1998年，粤港澳大湾区空间联系状态，香港岛作为Ⅰ级空间节点，最大引力连接线与空间节点质量分别为（18、0.95），辐射范围大，涵盖了整个环湾区域以及东部地区；除此之外，只有广州的越秀（16、0.21）作为Ⅰ级空间节点辐射范围涵盖了广佛肇的大部分区域；而澳门岛（4、0.24）作为Ⅱ级空间节点辐射范围仅有珠海及中山南部组团；外围地区的肇庆与江门主城区则作为Ⅲ级空间节点在各自周边形成小范围的辐射区域。

2008年，粤港澳大湾区的空间联系日益复杂，随着一些空间节点自身综合实力的增长，与周边的作用强度逐渐增大，形成了一定区域的辐射中心，从而空间节点的层次更为丰富。首先，深圳市的快速发展逐渐扩大了自身的辐射范围，增强了对于海湾以东区域的影响，使得香港的辐射范围相应减小。最为明显的空间节点是福田（9、0.33），作为Ⅰ级空间节点，辐射范围包括深圳东部区域以及惠州的所有区域，同样属于深圳的宝安（5、0.33）则作为Ⅱ级空间节点，辐射涵盖了东莞的大部分区域。其次，广州也形成了两个主要核心区，其中越秀（16、0.35）仍旧作为Ⅰ级空间节点，辐射范围在原有基础上又增加了中山与江门的部分区域。而天河（5、0.33）成长为Ⅱ级空间节点，辐射范围包括了原属于越秀影响范围的黄埔、番禺、南沙、增城及东莞西北组团。与此同时，其他城市的主城区，如香洲（3、0.13）、蓬江（5、0.18）、端州（3、0.16）、惠城（3、0.12）等，以及全国综合实力百强区第一的顺德（4、0.26）作为Ⅲ级空间节点均形成了一定的辐射范围，不同等级的空间节点发育极大地丰富了粤港澳大湾区的空间体系。但澳门岛（5、0.29）作为Ⅱ级空间节点，辐射范围仍旧较小，仅限于珠海以及中山南部组团。

2018年，随着粤港澳大湾区基础设施的不断完善，空间的连通性有了极大的增强。从最大引力线的方向来看，显现出明显的中心指向性，并且次级节点数量开始减少，导致大多数空间节点直接隶属于Ⅰ级空间节点的结构体系，形成了以穗深港主城区为核心的结节区域。广州CBD所在地天河（23、0.51）的空间影响力持续增强，最大引力连接线数量剧增，替代越秀成为大湾区北部与西部的绝对核心区域。其辐射范围不仅覆盖邻近空间，也向北部肇庆市的封开、德庆、怀集，西部江门市的恩平、开平与台山等，以及东部惠州市的龙门等相隔较远的边缘区域扩展。由于天河的核心地位凸显，因此所覆盖区域的空间节点除了顺德（5、0.31）作为Ⅲ级空间节点起到衔接作用以外，其他Ⅱ级或Ⅲ级空间节点都失去了本该有的中间作用，促使空间联系方向呈现向心性和跳跃性空间联系；海湾南侧区域除了原有的香港岛（2、0.97）与福田（10、0.33）作为Ⅰ级空间节点以外，南山（7、0.51）的发展非常迅速，作为Ⅱ级空间节点辐射范围覆盖了深圳北部与东莞大部分区域，而福田辐射范围则包括深圳东部以及惠州大部分区域；澳门与珠海则依旧局限于由澳门半岛来主导的体系。

从整体来看，粤港澳大湾区的空间联系趋向于更加紧密，但体系组织在不断地调整，当前的空间体系存在着次一级空间节点的缺失，未来的空间体系架构仍有待改进。同时，香港的发展缺少了空间腹地，虽然作为Ⅰ级空间节点，但是空间联系不足，明显缺少可以辐射的区域。而澳门则是因为综合实力的原因，辐射能力仅限于珠澳两市区域。

2．空间体系结构

体系结构可以表现出空间节点的组织情况，空间节点通过社会、经济、生产上的关联和协作，与其紧密相连的广大地区在空间上形成相辅相成的结节区域，它是空间网络组织的基本表现形式之一。对粤港澳大湾区空间联系的分析结果显示，1998～2018年，粤港澳大湾区空间体系结构大体可以分为南北两个系统：

南部区域以香港岛、福田、南山为核心，北部区域则以天河、越秀为核心。其中，南部区域的空间体系结构较为复杂，相较于1998年，2018年区域拥有了更多的高等级空间节点，从而弱化了层级结构。其中，香港岛、九龙、新界、离岛、福田等始终是核心区域，而随着南山、宝安、龙岗等空间单元自身实力的不断增强，逐渐成为这一区域的重要节点，并且这些节点极大地促进了深圳市成为粤港澳大湾区的三个核心之一。

北部区域则相对简单，发展至2018年，广州的越秀、天河等核心区域的实力凸显。同时，在空间体系结构中，通信技术和交通技术的发展使得空间距离因素对空间联系的影响大

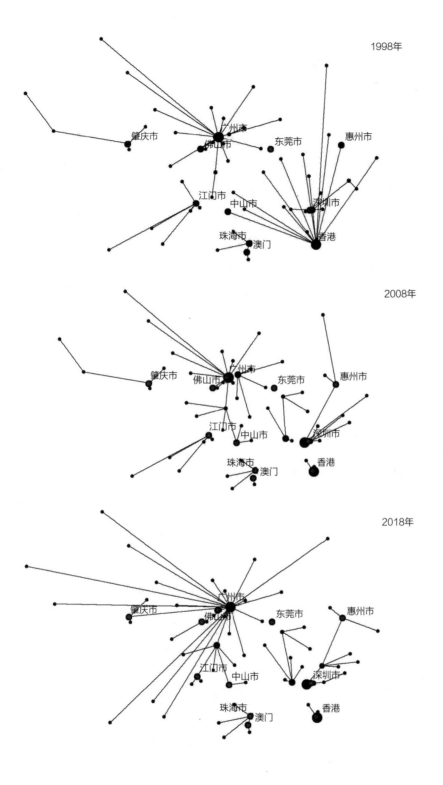

1998年

2008年

2018年

图例

•
• 空间单元
• Ⅲ级空间单元
● Ⅱ级空间单元
● Ⅰ级空间单元
—— 最大引力连接线

图5-6 粤港澳大湾区空间联系演化图（1998~2018年）

为减弱，导致了广州主城区作为北部绝对的核心区，其余空间节点大多数直接与其相连，而其他空间节点很少能起到中间的衔接作用，尤其是海湾西北侧能级较低的区域。这种现象一方面表明广州主城区强大的中心地位，其空间作用力和辐射影响力显著高于周边其他城市，是粤港澳大湾区重要的增长极；另一方面也表明和空间集聚态势的改变不无关系，外围城市主城区发展相对缓慢，致使自身的辐射带动能力越来越弱。

总体来说，1998～2018年的粤港澳大湾区空间联系演化具有如下特点：空间在整体上呈现"极化—均衡—极化"的发展趋势，并且局部的竞争趋势明显；港深地位的消长，相对于深圳福田、南山等空间节点在1998年仅作为受香港岛吸引的空间节点，但在随后的20年间迅速成为海湾东岸空间的核心而言，香港岛的区域地位则有明显的下降，其影响范围逐渐收缩；广州主城区与深圳主城区核心地位的凸显，随着广州天河区地位的不断提升，与越秀一起成为北部及西部区域的绝对核心空间，同样深圳南山区的快速发展与福田共同形成了极核地带；再者，以信息和交通为代表的要素流对区域网络效率产生了积极影响，加强了边缘区与核心区的互动关联，另一方面也加剧了区际不公平，产生了区域发展的"虹吸效应"。

5.3 空间网络演变及内部组织解析

社会网络分析（SNA）是一种近年来被广泛应用于各种网络组织结构分析的量化分析方法，可研究空间内各类要素相互作用的发展规律和关系模式，社会网络分析可以将整体网络可视化，表现出横向网络结构和纵向的动态演变[177]。在本节，引入社会网络分析（SNA）对粤港澳大湾区的空间网络组织进行研究。

5.3.1 网络密度与中心性

网络密度可以测量网络的整体性程度，并且反映出空间网络中各空间单元联系的疏密程度，网络密度值越大，空间联系越紧密，交互与传递功能越强。网络中心性则用来反映空间单元在空间网络中的位置，分为度中心、介中心及接近中心。度中心性可以测量网络中空间单元自身的交往能力，度中心性越高，核心竞争力越强；介中心性表示两个非邻近空间单元间的联系依赖于其他空间的程度，反映一空间单元对其他空间单元之间的联系控制程度；而接近中心性分析对网络的完备性要求较高，反映了一个空间单元与网络中其他空间单元的距离程度。三者之间的相互关系大致可以分为表5-9所示的几种类型。

	度中心性（低）	介中心性（低）	接近中心性（低）
度中心性（高）	—	绕过冗余交往关联的主要空间单元	空间单元具有很高的凝聚力，但是远离网络中的其他节点
介中心性（高）	与主要节点有关联的一般空间单元	—	承接了从少数指向多数的空间单元
接近中心性（高）	对于网络联系具有重要作用的一般空间单元	与很多节点都接近，但是缺少连接性的空间单元	—

本书基于引力作用下的空间有向联系以及时间距离，利用UCINET软件测算粤港澳大湾区空间网络的密度与中心性。

1．空间引力作用下的网络密度

根据网络密度计算值（表5-10），1998～2018年，粤港澳大湾区的网络密度值处于逐渐上升状态，由1998年的0.3103增长至2018年的0.3315，体现出在社会经济迅速发展的情况下，区域内空间相互作用力不断增强，同时也促进了空间网络组织的变化。通过分析粤港澳大湾区不同区域的网络密度，发现标准差由1998年的0.4626逐渐升高至2018年的0.4707，标准差的增大说明网络密度的空间差异性在增大，且空间相互作用强度在空间质量以及交通可达性的影响下亦存在不均衡性。较强的引力作用出现在临近发展核心的区域，那里有着更加便捷的交通以及高质量的发展空间，由此形成的核心区联系网络更加密切。尤其南北核心所形成的发展轴线是大湾区空间网络密度的高值带，而东西两侧的空间密度逐渐降低，并且相互联系完全依赖中间区域的衔接，总体呈现出"中部>东部>西部"的格局。

粤港澳大湾区空间网络密度变化（1998～2018年）　　　　　　表5-10

指标	时　间		
	1998年	2008年	2018年
网络密度	0.3103	0.3284	0.3315
标准差	0.4626	0.4623	0.4707

1998年，海湾东岸的空间网络密度远高于其他地区，一方面由于香港的辐射带动作用非常强，尤其对深莞地区的强力辐射，为环海湾空间网络密度的加强起到显著的带动作用；另一方面也体现出在区域发展政策、行政隶属关系等因素作用下，区域一体化进程障碍重重，大湾区整体的空间联系还处于较弱程度。2008年，随着大湾区整体实力的增强，各城市核心空间单元的辐射带动能力有了显著提高，从而促进了空间网络密度的升高。并且，在"穗深港""穗珠澳"交通可达性大大增强的条件下，沿线空间处于资源流通频繁的优势地理区位，其空间网络密度显著提高，对东西两侧的联系也进一步增强。2018年，广深两座城市的实力快速提高，其增速远远超过大湾区内部的其他城市。这就使得空间的发展以穗港深三座城市的主城区为极核，向外成圈层扩散的发展阶段，也促进了空间网络密度的不断升高，但同时

也存在由于溢出效应差异，以及区位条件不同所造成的空间网络密度不平衡的局面。

2. 空间中心性的变化

1998～2018年，粤港澳大湾区空间中心性有了不同程度的变化，我们从度中心性、介中心性及接近中心性三个方面进行解读（图5-7）。

度中心性，逐渐呈现出"多核心"趋势。对空间网络的度中心性量值进行反距离权重差值计算显示：度中心性空间分布格局由香港与广州主城区组成的"主次核心"结构，发展成为"三个核心"结构，分别为广州主城区、香港主城区，以及深圳主城区。产生的扩散效应基本覆盖海湾东岸及北部区域，并且随着核心区实力的不断增强，其辐射范围呈扩大趋势。低值区域主要位于大湾区外围，由于处在边缘地带、基础力量薄弱、空间相互作用不强等因素影响，度中心性出现显著差异。空间网络度中心性的格局演变显示，空间网络组织正随着大湾区交通方式的改善，以及综合实力的提升而不断加强，致使空间网络度中心性的整体增强，但是绝对高值空间从1998年的39.43降落到2008年的31.74，随后又升高至2018年的35.49，这也说明空间网络控制力由逐渐分散到日益集中，由三大核心所产生的"遮蔽效应"开始显现。

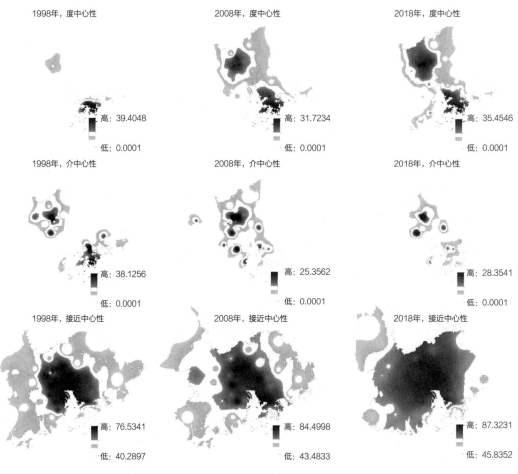

图5-7 GBA空间网络中心性分析（1998～2018年）

介中心性，显示出"非均衡""相对均衡"和"相对非均衡"三个阶段，空间网络组织由"简单"转向"复杂"又回归"简单"的演变。对空间网络的介中心值进行反距离权重插值计算显示：1998年，高值区主要存在于深圳、惠州、佛山等城市内，是与香港、广州两座城市主城区紧邻的周边地带，起到承接外围空间与核心空间的作用。2008年，大湾区形成了以各城市主城区为高值空间的网状布局，其中东莞市与中山市的中心组团，肇庆市与江门市的主城区，佛山市的禅城、顺德，珠海市的香洲，广州市的番禺，以及深圳市的宝安等，其中介效应明显增强。2018年，高值区开始减少，高值区仅出现在海湾两侧的顺德与东莞中心组团，以及顶端的番禺三个明显区域。

接近中心性，高值区地域集聚特征明显，沿环海湾地区由内向外逐渐降低。作为城镇空间沟通与交流的必要条件，基础设施的健全与否直接影响区域的综合承载力。基于公路、铁路交通和空间综合发展实力发现，各城镇空间可达性水平明显提高，并且由于"穗深港""穗珠澳"交通联系得到加强，公路运输形成网络，轨道生态圈也开始建设，广州以及环海湾地区成为空间联系的核心。对空间网络的接近中心值进行反距离权重插值计算显示：1998年，接近中心性的高值区在环湾北侧广州主城区周边，这就导致了惠州、肇庆、江门等外围城市，以及香港、澳门等海湾入口两侧无法形成便捷的交通联系，也较少地拥有邻近空间，接近中心性较弱。2008年，接近中心度随着交通网络改善，整体呈现明显的增强现象，高值区的分布空间在环湾区域进一步加深，发展地位稳固，广州与环湾空间的连通能力明显高于其他区域。2018年，高值区域开始向外扩散，并与区域内高速交通网的建设相契合，高值空间分布由内向外逐层降低，大湾区内部的空间联系逐渐迈向便捷化、多样化。其中，广州市主城区的空间可达性最优，在区域整体中承担联系枢纽角色，综合联系及网络控制能力最强，网络核心地位明显；西北侧的肇庆市可达性水平最低，较差的基础设施和区域边界的地理区位使其与内部联系的时间成本较高，处于网络中被边缘化的状态。从接近中心性系数看，核心发展区天河、越秀、南山、福田、顺德等15个空间节点的可达性水平较高。

通过三个中心性特征值分析发现，空间的社会经济集聚和扩散能力，以及交通可达性等要素对空间网络有着非常大的影响，各类高值空间组合在一起形成了环绕海湾的倒"U"字形通道作为核心区域，担负着区域内空间资源交换与扩散的载体角色。

5.3.2 "核心—边缘"结构分析

空间网络组织的"核心—边缘"结构是空间相互作用而成的一种中心关联紧密、外围分散疏松的结构形式，表现空间节点在网络中的地位与重要程度。基于"核心—边缘"结构，能够显示出空间网络组织的核心和边缘节点，并可以通过相互关系，度量核心节点的带动效应，这种计算结果与中心性相比，对空间节点的地理空间依赖性较低[178]。粤港澳大湾区"核心—边缘"结构在空间引力矩阵基础上，利用UCINET软件中的Net Work/Core & Periphery模块计算并可视化，生成三个时间断面下的"核心—边缘"结构图（图5-8）。

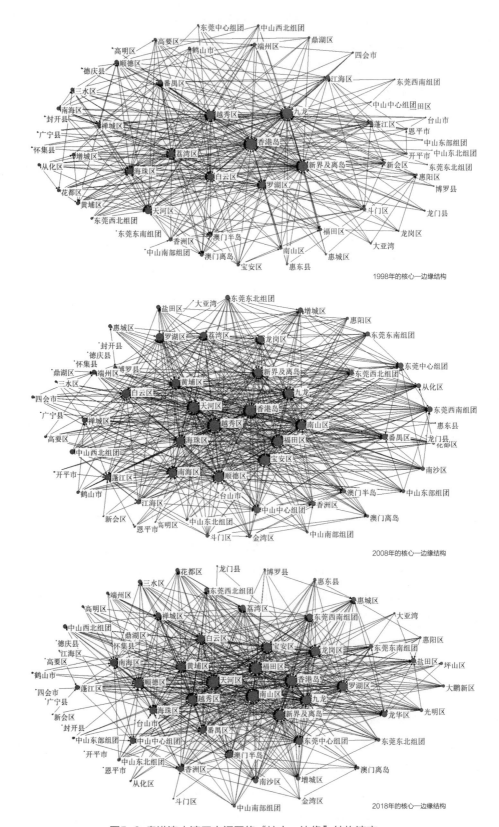

1998年的核心—边缘结构

2008年的核心—边缘结构

2018年的核心—边缘结构

图5-8 粤港澳大湾区空间网络"核心—边缘"结构演变

（1）核心度标准差显示：1998年、2008年、2018年，空间网络核心度的标准差分别为0.077、0.067、0.07，非均衡指数分别为0.009、0.006、0.007。总体来说，粤港澳大湾区空间网络核心度的绝对差异及相对差异表现出缩小趋势，空间联系分布逐渐向均衡发展，但是相较于2008年，2018年又显示出非均衡的状态。

（2）基尼系数显示：1998～2008年，空间网络基尼系数在缩小，由0.417降至0.395，处于相对合理的边缘程度，但其最低值却是2008年的0.353。在整体上区域核心高值区由"差异悬殊"向"相对合理"转变，同时，高核心度空间由"质大量少"逐渐发展成"质大量多"，逐步形成了"核心—边缘"有序过渡的分布格局，但是相较于2008年，2018年的粤港澳大湾区空间联系有着极化的趋势。

（3）从结构形态来看：1998—2018年，粤港澳大湾区空间网络的层级结构逐渐有序化，转向"多核网状结构"，并且随着社会经济的发展其整体强度得到显著提高。1998年，"核心—边缘"结构基本代表了以香港为主导的空间网络格局，"核心—边缘"结构处于网络化前期，空间联系的网络性较弱，主核心较为明显，只有少数空间节点核心度较大，大多数处于较小的值域范围内。2008年，"核心—边缘"结构处于网络化发展期，区域内空间联系显著加强，密度增大，各个空间节点的联系增多。同时，"核心"与"边缘"之间的边界逐渐模糊，过渡平缓，形成了典型的空间网络格局。2018年，随着大湾区社会经济发展的转型，空间联系结构开始简单化，"核心"与"边缘"联系虽然在不断增强，但是各"边缘"空间节点的联系明显减少。在穗深港三大核心区空间作用不断强化的情况下，"极化效应"开始有所显现。

（4）从空间单元属性来看，在不同的发展时期，粤港澳大湾区的核心型空间、边缘型空间和孤立型空间有着不同的分布特征，并且随着空间网络结构的完善，孤立型空间单元逐渐融入大湾区的网络结构中。1998年，核心型空间主要有越秀、天河、香港岛、九龙等穗港主城区形成的主要核心，而次核心型空间包括澳门半岛、罗湖、番禺、顺德以及各城市主城区等，依据功能与服务关系形成较为紧密的空间网络结构，反观边缘空间之间的相互关系，密度和强度都非常弱，也可以理解为相互之间较为重叠的功能关系，导致空间之间的协调作用并未能得到有效开发，封开、德庆、怀集等西北侧外围区域成为孤立型空间。2008年，网络核心空间单元数量显著增多，以香港岛、福田、宝安等港深主城区形成海湾东岸核心区域，以天河、越秀、南海等广佛主城区形成海湾北部核心区域。同时，在两大核心区外围以及其余各城市的主城区形成数量较多的次核心型空间单元。孤立型空间单元被完全纳入到整个网络中，并与其他边缘空间节点一同位于网络结构的最外层，整体上形成"核心—中间—边缘"的三级圈层结构。同时，由于核心—边缘、边缘—边缘之间联系的密集化，整个网络组织进一步加强。2018年，空间网络中核心型空间的影响力明显加强。空间网络结构方面，穗港深主城区仍旧承担区域核心职能，并由此产生沿海湾东岸的发展轴，其空间联系强度占据区域总强度的50%以上，对于"流"资源的集聚与扩散能力极强。顺德、蓬江、端州、东莞与中山的中心组团等空间节点因其自身的区位条件使其核心度相对显著，成为区域次级核心空间。但是，"核心—边缘"结构逐渐形成向心凝聚的发展态势，边缘空间联系减弱。分析其原因主要是，相较于核心型空间的影响力，外围空间的相互作用弱化，集聚能力不足。

总体而言，空间节点的核心度显示，在三个时间截面，空间节点位序在不断变化，但是整体分布由两个核心点向环湾核心带转变，并呈现出东部强于西部的态势。但同时极核结构依然明显，环湾内圈层尚处雏形，有待进一步完善。虽然在研究时段内，随着港珠澳大桥的开通，香港—澳门—珠海彼此间的相互联系得到了增长，但从各空间的对外服务功能与空间流强度，特别对集聚影响力的范围及其规模来看，穗港深依旧处于绝对的主导地位，极核特征非常明显。而环海湾内圈层空间网络组织结构尚处发育阶段，扩散带动能力有限，有待通过空间联系、功能互补、基础设施建设等方面的优化，形成对海湾核心圈层空间网络结构的培育与完善。同时，相较于穗港深三个核心区，更需要通过政策引导与产业配置加强澳门与珠海主体空间的辐射带动作用。

5.3.3 凝聚子群划分

空间网络组织中，根据空间联系的紧密程度可将空间单元划分为若干子群，根据子群内部空间单元构成可以简化表现出空间网络中的复杂组织情况，发现蕴含在空间网络中的子结构及其相互关系。因此，研究应用凝聚子群分析对粤港澳大湾区空间网络组织架构进行剖析，用另一种视角来观察空间网络的组织特征。借助UCINET软件中网络结构分析CONCOR模块（最大分割深度为3，集中标准为0.2），得到粤港澳大湾区空间单元的凝聚子群及其密度分布（图5-9）。两级层面上，整体空间存在4个较大的凝聚子群，三级层面上可分为8个较小的凝聚子群。

具体来看，1998～2018年，环湾空间子群变化较大，而其余空间子群也在不断地进行着调整：

1998年，海湾东侧以香港岛为核心，辐射涵盖了深莞惠组团，空间节点数量占到总数的三分之一。子群内空间综合实力较强，基础设施比较完善且地理区位较好，是粤港澳大湾区资源交换与扩散最密集的区域。海湾西侧以澳门半岛为核心，辐射涵盖珠中江组团的部分区域，但子群内空间联系密度较小，远距离空间单元受到交通及行政边界效应阻隔，空间联系相对薄弱。海湾北部区域以广州主城区为核心，辐射广佛肇组团，同时建立在交通组织上的优势也非常明显。而大湾区外围地带，受地理区位及自身发展影响，与各核心空间的联系匮乏，整体上处于"游离状态"，形成了第四个凝聚群落。

2008年，粤港澳大湾区的空间网络子群经历了明显的重构。位于海湾口东西两侧的港澳组成各自独立的二级子群，显示出二者在区域内部的独特地位，而湾区内部空间联系则有了明显的加强。除了港澳两个特殊的空间子群以外，以广州、深圳主城区为引领，以核心圈层带动周边空间共同发展所形成的网络凝聚力明显增强。在海湾东侧地区的深莞惠组团大部分

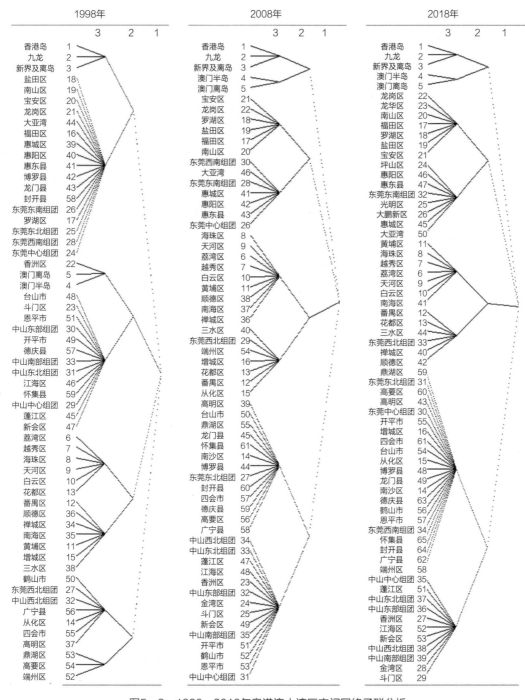

图5~9　1998~2018年粤港澳大湾区空间网络子群分析

空间单元组成的二级子群划分也相对明确。海湾北部的广佛肇组团，由天河、越秀、黄埔等空间单元组成的广州主城区作为组团核心，并与西侧的联系日趋紧密，空间网络子群相互嵌套。然而，作为第三个发展组团的珠中江组团由于空间联系松散，与大湾区外围地区的封开、德庆、怀集、台山、龙门等边缘空间归于一个二级子群。

　　2018年，以海湾为分隔，粤港澳大湾区空间联系强度呈现明显的差异性。海湾东侧及北部的子群划分基本未变，而西岸以澳门岛、香洲为核心的子群规模不断缩小，从而更多空间单元被划分至一个边缘子群，根据前文的引力最大连线分析，这一子群的空间单元都处于广州主城区的辐射带动下。这一现象使得粤港澳大湾区的空间网络子群划分与《广东省主体功能区规划》中的组团划分出现了一些差异，形成了以主要核心区为引领的圈层式发展模式。同时，环海湾的圈层式发展逐渐有了雏形，内圈层空间之间的联系紧密程度远远高于外圈层，内圈层的集聚特征也更为明显。

　　总体来说，粤港澳大湾区空间要素流动加速，与区域性基础设施不断完善形成互相支撑之势，从而共同促进空间网络的整合发展，尤其是环海湾地区的凝聚力正在不断增强，为粤港澳大湾区的进一步发展奠定了基础。

第6章 | 粤港澳大湾区空间分工与空间结构发展特征

随着空间经济学研究的不断深化，共享和匹配效应成为空间经济的集聚基础。由于要素的跨区域自由流动，那么空间异质性和选择效应将会对空间的规模、联系和结构产生巨大影响[179]。随着粤港澳大湾区逐渐开始的一体化，区域内的资本、信息、资源、技术等逐渐形成一个相互依赖、相互作用的复杂巨系统，空间便是支撑这个系统的关键平台。合理的空间分工和层级结构能够有效解决区域内经济效益、社会结构在城镇化进程中不断激化的矛盾和冲突，推动粤港澳大湾区一体化发展，并优化空间格局和管理。因此，需要在认识空间形态特征以及空间网络组织的基础上，进一步通过空间类型分析确证粤港澳大湾区在空间不断扩散且多核心发展模式下的空间结构，了解区域内不同等级空间之间的关系，这也是明确粤港澳大湾区空间的协同性以及发展趋势的重要手段。

6.1 空间发展的差异与均衡

空间由于自身条件以及不同要素参与各类社会经济活动而形成差异，借鉴杜能（Thunnen，1826）《农业区位论》、廖什（A. Losch，1940）《经济的空间秩序》及麦茜（D. Massey，1995）《劳动空间分工》所论述的观点[180, 181]，空间区位、空间利用方式以及空间结构等方面的差异，导致了区域内要素流动性和集聚程度的不同，进而随着社会经济的发展，空间会不断适应新的环境，并且出现各具特征的发展态势。同时，由于空间的竞争博弈，其地位和分工也随之改变，企业组织、劳动力组织、生产的空间组织，以及资本投资指向也会发生不同程度的变化，空间呈现出一定的差异（图6-1）。因此，粤港澳大湾区空间系统是通过地方化和城镇化而产生一系列相互作用的空间集群，其合理的层级结构与功能组织能够让空间本身从中互惠互利，在能量交换的共同合作中获益。合理的空间布局是区域社会经济发展的战略支撑，区域因这一机制推动而形成资源共享和联系增强，这也使得政策与规划对空间组织的完善与扩展具有重要的引导作用。根据前文分析得知，粤港澳大湾区不但城镇空间规模在不断扩大，而且空间网络也越加复杂，这也促使空间要素亟须通过跨区域合作并实现其优化配置，才能推动区域整体的均衡发展。

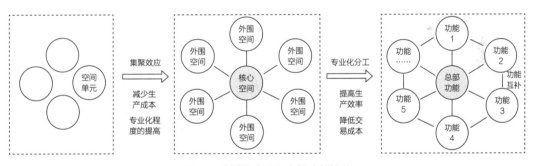

图6-1 粤港澳大湾区空间功能演化

6.1.1 空间的层级结构

由于空间自身的发展条件与历史原因，粤港澳大湾区内部的城镇化进程各不相同，不同地理空间的定位与发展等方面存在着较大的差异。截至2018年，粤港澳大湾区形成了穗港深三个经济规模超过了2万亿元的超级大都市，其等级远远高于其他城市。经济规模在5000亿~10000亿元之间的澳门、佛山、东莞成为第二等级。而其余城市经济规模在5000亿元以下，属于粤港澳大湾区的第三等级。在空间单元层面，根据前文的空间质量综合测评以及空间网络分析，香港的香港岛、九龙，深圳的福田、南海，以及广州的天河、越秀等空间单元的质量与中心性显著高于其他空间单元，处于区域中绝对核心的地位。而其余城市的主城区以及部分区位条件较好的空间单元，如新界、澳门半岛、白云、黄埔、宝安、龙岗、顺德等的空间质量也相对较高，处于区域的次级节点。这种空间差异一方面是自身条件的外在反映，另一方面也是政策、规划和投资对空间发展的影响。

长期以来，从国家到省域层面都注重粤港澳大湾区的整体发展（表6-1）。早在20世纪80年代，广东省就尝试超越行政边界限制，发起珠江三角洲区域规划的编制工作，试图解决自下而上模式中的一部分弊端，从区域层面引导空间要素的合理配置。

粤港澳大湾区空间发展相关规划　　　　　　　　　　　　表6-1

时间	空间结构	发展内容	规划名称
1978～1988年	双中心	区域整合发展	《珠江三角洲城镇体系规划》《中华人民共和国广东省经济特区条例》
1988～1998年	多中心、点轴发展	经济发展、生态保护、区域协调	《珠江三角洲经济区城市群规划》《珠江三角洲城镇体系规划（1991—2010年）》
1998～2008年	多中心、多组团	内部强化、外部关联、泛珠江三角洲区域发展	《珠江三角洲城镇群协调发展规划（2004—2020年）》《泛珠三角区域合作发展规划纲要（2006—2020年）》
2008～2018年	多中心、网络化、跨界合作	跨越制度边界进行区域性空间协调	《大珠江三角洲城镇群协调发展规划研究》《珠江三角洲地区改革发展规划纲要（2008—2020年）》《珠江三角洲城乡规划一体化规划（2009—2020年）》《环珠江口宜居湾区建设重点行动计划》《珠江三角洲全域规划》《中国（广东）自由贸易试验区总体方案》《珠江三角洲全域空间规划（2016—2020年）》
2019年	极点带动、轴带支撑、网络化空间格局	发挥粤港澳不同优势，建设具有活力的世界级湾区	《粤港澳大湾区发展规划纲要》

1989年，广东省政府第一次组织编制《珠江三角洲城镇体系规划（1991—2010年）》，主要目标是协调区域内各城镇的总体规划，促进国民经济发展和推进城镇化进程，提出要建设空间布局有序、职能各具特色、规模结构合理的珠江三角洲城镇体系。规划以整合发展为主要方法，改变市、县、镇各级政府无序发展、各自为政、同质化竞争的问题，作出统筹区域性基础设施的设想，并撤县设区构建"中心—外围"的空间结构。1995年，中共十四大时期广东省开展了一系列珠江三角洲规划研究，《珠江三角洲经济区城市群规划》由此产生，文件提出区域协同、经济发展、生态环境保护的发展目标，明确"广深"双中心的同时，形成广深和广佛两个发展轴，并带动三大都市区的共同发展，具体为东部深莞、中部广佛、西部珠中江。

2000年后，珠江三角洲开始了撤市设区和乡镇合并，借此改善以县域、镇域经济为主，所导致的产业链短、附加值低、大而不强的发展弊端。2004年，广东省与建设部（今住建部）合作组织编制《珠江三角洲城镇群协调发展规划（2004—2020年）》，总目标要建设充满活力与生机的城镇群和世界级制造业基地，提出明确广州、深圳、珠海的中心定位，加强广深港和广珠澳发展轴的带动能力，形成具有强劲竞争力的区域空间脊梁。同时，基于空间邻近在规划中构想了广佛肇、深莞惠、珠中江三大组团的规划思路。2006年的《大珠江三角洲城镇群协调发展规划研究》是粤港澳三地首次进行跨制度边界的区域空间发展研究，考虑包括港澳的大珠三角区域一体化的问题，最大的意义在于突破了政治制度和行政区划的限制。提出粤港澳三地携手共建生态安全格局、提高区域可达性、优化空间结构三大发展策略。并要打造环珠江口海湾空间，建设港深、澳珠、广佛三大都市区，对接国际与国内两大市场形成组合港系统和多机场系统。2008年，《珠江三角洲地区改革与发展规划纲要（2008—2020年）》由国家发展和改革委员会公布，随后广东省政府制定了《珠江三角洲城乡一体化规划（2009—2020年）》，明确了区域总体布局、城镇中心体系、空间发展策略、分类空间管治等多项内容，提出了加强城乡区域一体化、建设珠江三角洲世界城市区域，以及携手港澳共建宜居湾区。

发展至2010年，以"穗港深"为中心的大珠三角已经是公认的世界级巨型城市区域，根据前文研究看到这一地区的城镇空间建设突破了行政边界成为连绵的态势，区域社会经济发展也随之进入新的转型期。随着中央政府、粤港澳三方政府、珠江三角洲各市政府的关系逐渐深化，2014年广东省编制《珠江三角洲全域规划（2016—2020年）》，规划注重明晰政府作用与市场作用的界限，强调将空间规划作为政策的引导机制。2019年，由中共中央、国务院印发了《粤港澳大湾区发展规划纲要》，引导港澳融入国家发展大局，突出港深、广佛、澳珠联合的引领带动作用，在极点带动下，形成轴带支撑、内外辐射的空间格局，并且推动大中小城市空间的合理分工与功能互补。

有关粤港澳大湾区的空间规划，由各自发展到相互协调，其等级、职能、定位都发生了改变，但也存在共性，即多中心、以极点带动、轴带支撑的网络化空间格局。各项政策与规划在逐渐引导空间发展模式顺应时代要求的基础上，不断探索空间层级清晰、分工明确、功能互补的空间结构。发展至今，以粤港澳合作为依托，在穗澳港深等核心城市的带动下，开始进行广州南沙、深圳前海、珠海横琴的平台建设，并且以国家级新区的身份成为湾区新功能核心，同时中山翠亨新区、东莞长安新区、深圳大空港新城也成为新兴的功能节点。这些因政策机制推动而形成的空间结构在发展中处于什么样的状态，在本章节中将会根据空间类型的认知给予分析。

6.1.2 空间的专业化分工

空间经济理论将产业集聚视为经济活动的一种特殊空间形态，是经济活动的外部性效应的结果。Alonso（1964）的级差地租竞争理论在一定程度上解释了空间的集聚变化，提出经济的周期性变化影响了空间的周期性更替，形成的集聚和扩散一直是空间发展的直接动力[182]。生产要素可以通过一个大的市场来降低交易成本，从而促进空间分工发展，这就使得空间产业的调整和升级不仅能强化空间的辐射功能，还会引起产业体系在空间分布上的差异。因此，空间集聚是专业化分工的产物，是为降低成本和获取报酬递增的一种空间表现形式。

学者们在城市尺度层面对粤港澳大湾区进行了多种研究，揭示了空间发展的分异。周春山等（2018）认为空间定位分工呈现出明显的特征，如香港的国际化程度高，金融贸易发展较快，成为全球金融商贸中心；澳门的离岸金融中心目标明确；广州是辐射能力较强的区域行政中心，组织能力强大；深圳集聚了众多科创企业，已成为创新型经济中心；而中山、东莞等城市的工业发展成熟，是专业化的制造中心[183]。胡霞等（2019）认为港澳地区无论是人均国内生产总值还是服务业占比均高于珠江三角洲九市，但产业模式单一等问题使得港澳地区服务业产业竞争力面临减弱。珠江三角洲地区各城市的优势集中于制造业，其中深圳、东莞、惠州以及珠海在计算机通信和电子设备制造业等新兴行业具有较大优势；广州、佛山、中山、江门以及肇庆则以传统制造业为主[184]。孙久文等（2019）将大湾区空间专业化集聚分为四类：①香港、广州和深圳作为核心，其空间已经形成专业化集聚优势，特别是广州和深圳的经济结构由现代服务业与制造业双主导；②澳门、佛山、东莞以现代服务业的信息服务和商务服务两个子产业为主导；③珠海、中山的专业化水平较高，具有传统服务业的优势；④惠州、江门、肇庆仍处在制造业升级时期，专业化程度正在逐步加深。[185]

目前，对粤港澳大湾区的产业集聚研究主要还集中在城市层面，但城市作为一个产业的集合体，所反映的是综合特征，而功能区尺度上产业集聚的本质则是在一定条件下对于空间的具体利用。因此，以功能区尺度为空间单元进行分析更能明确地显示粤港澳大湾区的空间集聚特征。基于上述分析，探索空间布局，识别不同空间的功能特征，分析空间之间是否形

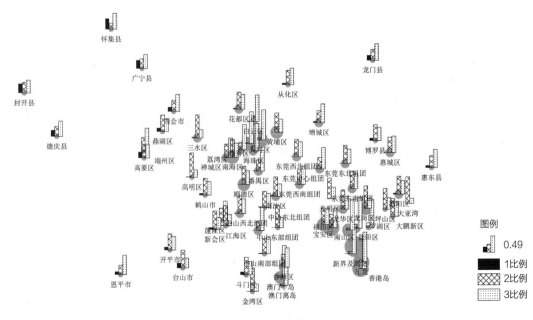

图6-2 粤港澳大湾区城镇空间产业特征（1978~2018年）

成互补合作的专业化分工模式，是探索粤港澳大湾区空间协同发展的重要途径。本书根据三次产业占比，大概掌握各空间单元产业发展的基本特征（图6-2）。

根据各个空间单元的综合发展情况，约有34个空间单元第三产业的占比高于一、二产业占比，占总体的半数以上，部分空间单元第三产业的占比超过了90%，包括香港岛（98%）、澳门半岛（98%）、越秀（98%）、罗湖（96%）、福田（94%）、天河（92%）等空间单元；第二产业占比高的空间单元约31个，主要分布在各开发区，如大亚湾、高明、火炬开发区等，以及主城区的外围区域，如金湾、龙岗、南海等，其中大亚湾占比最高，其值为83%；而第一产业的占比普遍较低，最高值为33%（怀集），而占比超过10%的空间单元仅有10个，其中8个都位于肇庆，剩余2个位于江门，都处于大湾区的外围区域。

粤港澳大湾区的空间发展往往伴随着相关产业链的形成与改善，使得空间单元之间存在一定的关联，这是粤港澳大湾区空间协同的基础。但是仅从三次产业的分析中无法得到更多的信息，因此，本书期望借助前文分析，并在大数据统计的基础上，在功能区层面上对空间产业的集聚特征进行更进一步的研究。

6.1.3 空间分工的行为主体

作为经济活动中最活跃的微观主体，企业行为往往是空间价值与功能变动的先导。无论是传统的区位论、市场学派等古典理论，还是制度经济学、空间经济学等理论，都探讨了企业追求最大利润的空间区位选择过程和方式。研究理论和实证在一定程度上解释了企业生产组织在空间上集聚与扩散的内在机理，以及由此产生的产业集群和地区专业化现象的成因。不同空间的企业组织导致生产过程作用于空间，实现横向与纵向的联合与分解，并且展开生产活动构成粤港澳大湾区的空间格局，成为空间联系内部机制的微观缩影。斯科特（Scott，1992）认为企业的纵向分解，以及由此产生的联系是城市体系出现的原因，并以劳动空间分工为基础提出了工业区位论（宁越敏，1995）[186, 187]。李小建（2002）、王缉慈（2008）等学者认为企业是区域的细胞，企业关系网络的形成与产业集聚是空间结构组成的内在机制，并通过"企业—产业—地方"三维角度研究产业集群特征[188, 189]。企业的空间组织和配置，会在很大程度上影响多种溢出的效能，决定着空间的发展状态[190]。因此，在一定程度上，企业的空间集聚与粤港澳大湾区空间发展方向有着必然的联系，从企业空间分布探讨粤港澳大湾区的空间结构是最直接有效的分析方法。可以在关注企业空间集聚的同时，以此为基础分析出空间产业的分布情况、相互联系和作用机制。

1. 企业生产组织模式的改变

全球化和信息化背景下，企业生产组织模式发生了转变。从20世纪初的福特组织方式下"规模化、标准化"的生产模式转向"多样化、小型化"为代表的弹性生产组织模式。并且，随着模块化生产方式的兴起，使得企业生产组织进一步纵向解体，导致企业内部产业链条上的生产过程不断分化，企业的不同业务逐渐分离，通过企业内部变革或利用外部资源整合的方式，从而达到低成本的生产，形成多元化、弹性化、即时化的生产组织模式。由此导致的空间专业化分工可以提高劳动生产率，降低企业生产成本，实现规模经济。正如斯科特（Scott，1998）指出的，区位的重要性体现在影响企业的生产率，进而提高企业的竞争优势，因此空间区位是企业选址决策时的重要参考因素。企业的空间区位选择，一方面关注于区域条件，是指区域所特有的资源状态，如市场需求、政策制度、劳动力成本、文化习俗和自然环境等；另一方面关注于空间集聚程度，它是指许多企业由于空间的邻近而具有的外部经济效应，包括专业化分工、交易费用降低、知识与技术的扩散、企业之间以及产学研的合作等。并且，空间集聚具有"路径依赖"和"锁定"效应，存在较强的规模经济性，生产可以具有很强的前向与后向关联，并且具有较低的交易成本。在企业追求利益最大化的过程中，关联性强的企业集聚成为空间分工的重要特征，推动了空间专业化格局的形成。专业化空间由于其存在的规模性又进一步吸引相关企业的加盟，形成了路径依赖的演化过程。

2. 企业生产组织与空间功能差异

生产组织方式的模块化与弹性化促使企业间联系向复杂化方向发展，同时也使得位处产业价值链不同位置的企业部门实现了空间区位选择的差异化。企业的总部、研发、产品设计、生产、组装、销售以及客服等不同环节实现了空间的分离，保证了企业竞争力和扩展战略的形成。其中，企业总部作为控制中心，通常集聚在少数几个核心区域，如香港、广州与深圳等城市的主城区。研发机构相对企业总部的位置选择分散一些，但仍然围绕在核心空间周边环境优越的区域，或以科研技术密集区作为研发机构的主要选择地，如广州科学城、国际生物岛、东莞松山湖等。同时，与公司总部及研发机构空间区位相比，生产单元的空间分布相对更为分散，但技术密集型与劳动密集型等不同类型企业的生产部门之间具有不同的空间区位选择。因此，在企业生产组织垂直解体的背景下，粤港澳大湾区内企业的空间分布呈现出新的特征，核心空间往往集聚着大部分的企业总部，研发机构布局在核心与次级的空间单元，部分外围空间则承担着生产制造功能。可将这种现象称之为空间的专业化，空间的分工有别于传统的产业分工，而是依据价值链的不同环节形成专业化空间分工。从产品层面来看，核心空间单元拥有高附加值的企业部门，其他空间单元则分布着低附加值的企业部门。作为一个整体，粤港澳大湾区各类空间单元参与产品分工，不同空间单元生产不同类别的产品。从产品的产业链条来看，各类空间在产品生产链条中的作用不同，专业化分工的形式是空间功能上的差异。

可以说，空间分工格局的形成进一步推动了空间结构的变化，特别是随着生产部门和总部的分离，各空间单元基于价值链分工的产业部门组织分离程度不断加深，产业不断在区域内进行转移，并逐渐使得研发、金融等高端生产服务业位于核心空间，加工生产等传统业务流程分布于次级空间单元的空间结构。不同类型产业的空间"集聚—扩散"，一方面促进了粤港澳大湾区空间的功能差异化，促进了空间分工的形成；另一方面在这个过程中企业专业性将进一步加强，从而带动空间的要素流动，推动空间结构的明确。

6.2 空间类型的聚类分析

在粤港澳大湾区城镇空间形态以及网络机制研究中，所反映的本质特征就是人类社会经济活动在空间上的反映。空间结构是生产活动在空间中长期累积的结果，一个空间单元总会存在主要的影响因素来主导空间扩展的速度和方向，而要素集聚是这个过程中的基本运动形式，要素在空间中的活动轨迹是复杂的人地系统相互作用的过程。空间类型的聚类分析研究旨在揭示要素的空间分布特征，以此分析粤港澳大湾区发展演变的动因和机制，为发现空间协同程度提供依据。据此，空间类型的聚类分析遵循以下思路，通过企业数据进行"企业—产业—空间"匹配，解决功能单元空间类型分析的数据获取问题，进而在微观层面根据企业的行为能够客观分析空间结构特征，区分空间类型中的多样化和专一化，并且根据产业结构是否具有联系，判断其相关性。

6.2.1 信息时代的空间类型识别

信息时代开启了最快的技术扩散，数据的获取与应用亦发生了巨大的变化，大数据技术为目前空间分析方法的创新创造了契机，也撬动了社会经济组织体系的精细化分析，更为复杂的阐释体系被引入研究。由于大数据本身具有数据量巨大、类型复杂等特点，使得研究方法经历了一系列扩充与深化，也让本书有机会对粤港澳大湾区的空间进行一种"广"而"全"的研究，从而更加细致地分析空间的系统构成。判断空间类型的框架包含，技术基础、构成要素、聚类分析等多个方面。其中，各种空间要素通过各类通道的支撑，实现向合理地域内集聚和扩散，不仅能促进粤港澳大湾区的空间分工，还能使得空间网络组织更加紧密。同时，空间要素的交互作用是促使空间协同的重要作用机制，根据研究需求，本书以要素聚类分析为基础进行空间类型的识别，而基础数据采集主要是针对于企业大数据。

1. 构建空间单元POI类型矩阵

无论从分析研究还是规划管理角度，各类大数据技术的兴起，都为城镇空间问题的识别与分析，甚至对未来的预测与模拟奠定了数据基础。如利用城镇居民行为，结合现有居住区规划方法，进行职住分析和生活圈的研究；或以交通数据，结合现有城镇人口与用地规模预测，进行区域交通规划理念与方法的创新；以及结合各类数据，来进行城市智能管理信息系统的开发研究等。在此过程中，大数据的获取与分析是一个复杂的过程，是通过多源数据的采集、存储、处理，最终对标准化的数据进行挖掘分析的过程，从而实现在分析研究与规划管理中的应用。其中，大数据的获取是分析的基础，根据研究目标的不同，大数据的获取方法也存在差异。具体有网络下载与收集、自行生产或与企业/研究机构合作等方法获得相应的数据集。

本书主要通过企业信息推导出产业集聚特征，进而对粤港澳大湾区空间类型进行分析，因此利用网络黄页及网络地图进行数据采集。采集日期是2018年12月，对于符合要求的POI数据共采集到73万条。依据《国民经济行业分类》GB/T 4754—2017，有效数据主要集中在制造业、交通运输和仓储业、科学研究及技术服务业、信息传输和技术服务业、金融业、商务服务业、文化、体育和娱乐业等7个行业门类，并将制造业门类中的24个大类进行分类统计，结合粤港澳大湾区新兴的人工智能、精密科技、新材料、生物技术等产业，共组成35个POI类型，54.24万个POI作为研究的数据源。各类别POI数据情况，总体包括：制造业类POI数据37.54万个、交通运输和仓储业类POI数据0.45万个、信息传输和技术服务业POI数据1.49万个、商务服务业POI数据1.82万个、金融业POI数据4.59万个、科学研究和技术服务业POI数据5.84万个、文化、体育和娱乐业POI数据0.49万个，以及新兴产业2.02万个。

统计各空间单元范围内不同类型POI数据，创建类型数量矩阵，进而使用ArcGIS平台中的空间连接功能，统计空间单元各属性POI的数量。最终得到各空间单元POI数据平均值为0.86万个，标准差为0.91。其中，POI数据最多的空间单元为深圳宝安，数量为4.42万个，占全部POI数量比例的8.15%；POI数据最少的空间单元为澳门离岛，数量仅为0.02万个，占比仅为0.03%。各类型POI中，制造业门类POI数量最多，为37.54万个，占全部POI数量比例的69.21%。在提取的制造业23个大类中，计算机和其他电子设备制造业类POI数量最多，为4.73万个；金属制品业次之，POI数量为3.58万个。如果用i表示空间单元，j表示POI数据的类型，所得结果为空间单元i、所属POI类别的数量分布j，统计成用于分析的数据矩阵，如表6-2所示。

粤港澳大湾区空间单元POI数量矩阵   表6-2

POI制造业类型	空间单元						
	宝安	东莞中心	南海	白云	顺德	……	封开
计算机、通信和其他电子设备制造业	9739	2824	672	1110	941	……	7
金属制品业	2009	1867	5429	994	3138	……	1
设备制造业	1459	2502	3264	1253	2274	……	5
电气机械和器材制造业	3132	2824	1266	591	2447	……	1
……	……	……	……	……	……	……	……

2. 数据的应用分析

大数据应用分析相对传统研究方法有很大不同，但又紧密联系，本书基于大数据分析技术设计了一种混合属性特征分析系统。一方面，先综合采用统计分析和空间连接等方法，精确地应用于空间分析的各个层面；另一方面，通过应用聚类法，利用空间要素对空间类型进行划分。对于因子分析和聚类分析方法，利用因子分析方法判别各功能类型的主次关系，采用聚类方法判别不同空间单元的功能差异。首先，以空间单元为范围进行POI统计，并对统计数量完成归一化处理，判断其相关性；其次，对POI进行降维，识别功能影响的主导因子，进而对主导因子形成命名与解释；最后，进行聚类分析，将功能相近的空间单元聚为一类，获取主导功能属性及空间分类。这一空间功能识别方法既可以得到空间单元的主导功能，又可以较为准确地描述空间功能的复合程度，是一种较为理想的空间类型识别方法。

6.2.2 基于因子分析确定空间主导功能

因子分析是将大量的POI数据进行简化，将信息重合部分归纳出少数具有代表性的因子，并对各因子进行解释。

1．各类型POI数据间的相关性

使用SPSS检验各空间单元POI间的相关性，通过各空间单元POI的关系矩阵相关分析得到，不同属性的POI存在着关联特征，部分属性的POI相关系数非常高，如金融业与商务服务业间的相关系数为0.861，与文化、体育和娱乐业的相关系数为0.761；科学研究和技术服务业与商务服务业间的相关系数为0.811，与制造业的计算机、通信和其他电子设备制造业间的相关系数为0.933。根据空间分布，金融业等相关性高的服务性产业主要集中于香港岛、深圳福田及广州天河等核心空间单元，而科学研究和技术服务业等相关性高的技术性产业则主要集中在深圳与广州的主城区，如南山、福田、宝安、天河、番禺、越秀、白云、海珠等空间单元。

在制造业中，劳动密集型产业中的家具制造业与木材加工业、金属制品业等呈现出显著相关性；体育和娱乐用品制造业与纸制品业、印刷业、橡胶和塑料制品业、金属制品业等呈现显著相关性。资本密集型产业中的医药制造业和化学制品制造业、食品制造业等呈现出显著相关性；汽车制造业与仪器仪表制造业、设备制造业、橡胶和塑料制品业等呈现出显著相关性。技术密集型产业中的计算机、通信和其他电子设备制造业与金属制品业、新材料等呈现出显著相关性。同时，新兴产业中的人工智能、精密科技与设备制造呈现出显著相关性。

说明这些POI之间存在较强的线性关系，在识别空间单元功能时会相互重叠，有必要综合其共同特点进行主导因子提取。因此，研究对制造业的分类数据重复Bartlett球度与KMO检测并分析数据是否适合提取因子，检测结果如表6-3所示，各类别检测统计量的值为1396.641，相应的概率P接近0，小于显著性水平0.05，说明在单位矩阵和相关系数矩阵中间有显著差异，适合作因子分析。另外，KMO是0.27，根据Kaiser提供的KMO度量数据得出，各类POI数据适合因子提取。

Bartlett球体和KMO检验 表6-3

KMO衡量抽样充足性		0.827
球形巴特利特 Bartlett检验	卡方值	1396.641
	自由度	190
	显著水平	0

2．提取功能因子

标准化处理类型矩阵后经过计算相关系数，可以得到相关系数矩阵表征出变量间的相关程度，统计相关系数矩阵具有的特征根和相对应的特征向量。由此计算因子的载荷矩阵，可以选取前k个特征值和所对应的特征向量，从而得到包含k个因子的载荷矩阵。研究采用主成分分析法提取主导因子，根据特征根情况经过提取实验，成分1～5的特征值大于1，它们合计能解释84.329%的方差，意味着提取5个因子时空间单元的属性信息丢失较少，是可行的提取数量。

3．主导因子解释与命名

初步分析发现，提取的5个因子在未经旋转时呈现的含义不够明确，难以解释与命名。因此，对因子荷载矩阵正交旋转，在没有影响变量共同度的基础上，重新分配各因子原始变量方差的比例，明晰各因子所具有的含义，从而进行解释与命名。因子荷载矩阵进行正交旋转时采用方差最大的方法，旋转后的成分如表6-4、图6-3所示。

旋转成分矩阵 表6-4

POI类型	因子				
	1	2	3	4	5
Zscore（信息传输、软件和信息技术服务业）	0.208	-0.123	0.497	-0.048	0.519
Zscore（金融业）	0.267	0.217	0.24	0.3	0.774
Zscore（商务服务业）	0.563	0.087	0.246	0.105	0.675
Zscore（科学研究和技术服务业）	0.884	0.068	0.177	0.103	0.306
Zscore（文化、体育和娱乐业）	0.167	0.009	0.089	0.032	0.912
Zscore（人工智能）	0.076	0.397	0.041	0.854	0.017
……	……	……	……	……	……
Zscore（电气机械和器材制造业）	0.735	0.609	0.1	-0.017	0.04
Zscore（计算机、通信和其他电子设备制造业）	0.905	0.066	0.162	0.317	0.139
Zscore（仪器仪表制造业）	0.486	-0.046	0.531	0.206	0.43

提取方法：主成分旋转法，Kaiser 标准化的正交旋转；7 次迭代后收敛。

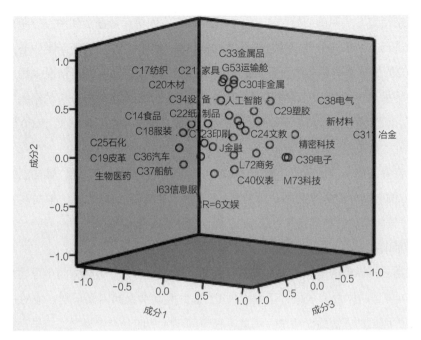

图6-3 旋转空间成分图

根据荷载矩阵表，因子1，在计算机、通信和其他电子设备制造业、电气机械和器材制造业、科学研究和技术服务业等产业的荷载较高，这类产业的技术知识所占比重大，因此将这一因子定义为"技术密集型产业"空间指数；因子2，在家具制造业、金属制品业、非金属矿物制品业、木材加工业等产业的荷载较高，这类产业是均需大量使用劳动力从事生产的行业或企业，因此将这一因子定义为"劳动密集型产业"空间指数；因子3，在汽车制造业、仪器仪表制造业、化学原料和化学制品制造业、医药制造业等资本密集型产业的荷载较高，但在皮革及其制品和制鞋业、纺织与服饰业等劳动密集型产业的载荷同样较高，是"资本密集型产业"以及"劳动密集型产业"的混合体，根据其数量占比以及实际投资占比情况，本书暂定为"资本密集型产业"空间指数；因子4，在人工智能、精密科技、新材料等粤港澳大湾区战略性发展产业的荷载较高，因此将这一因子定义为"战略性新兴产业"空间指数；因子5，在金融业、商务服务业、文化、体育和娱乐业等服务型产业的荷载较高，因此将这一因子定义为"高端服务型产业"空间指数。

6.2.3 基于聚类分析的空间类型

Rosenthal和Strange（2004）认为，集聚经济本身具有产业、空间和时间三个维度，且随着距离而衰减[191]，从不同维度来看，专一化和多样化是其集聚的两大基石，也是空间分工体系构成的缘由。根据这一原理，由企业的聚类分析能够清楚地解释粤港澳大湾区的空间结构特征。

1．功能聚类

根据提取的功能主导因子，按照其特征指数划分空间单元。首先，在指定聚类数目的基础上应用系统指定方式明确初始类中心。其次，计算空间单元数据点到中心点距离，通过距离最短原则进行空间单元分类，并计算各类均值代替原类中心点，直至新类中心点与上类中心点小于0.02的偏移量时聚类终止。依据中心点数据，并根据实际调研情况采用定性纠偏的方式对聚类结果进行微调，完成对空间单元的分类。依据前文主成分分析的结果，通过多次测试性分析，确定聚类数为6。当$K=6$时，经4次迭代，聚类中心点偏移度小于0.02的有效性判定标准。

据此，将粤港澳大湾区空间类型分为6类。中心点数据表明：第1类，偏向新兴战略型指数；第2类，偏向高端服务型指数；第3类，离五个指数均较远；第4类，偏向技术密集型指数；第5类，偏向劳动密集型指数；第6类，偏向资本密集型指数。

2.定性纠偏

基于聚类分析识别的空间类型，其本质是通过功能点的数量得到空间主导功能，这种方法忽略了POI自身的体量和规模，不利于POI数量少但影响大的因素识别。应对这一弊端，本书运用定性纠偏的方法给予解决。因此，在空间单元功能分类中将聚类结果进行微调：一方面，将第1类和第4类合并为技术密集型空间类型。第1类和第4类虽然中心点偏向有差异，但有着较高的功能相似性。另一方面，定性加入混合型空间类型，可根据空间单元在区域中所担负的重要程度进一步确定其类别特征。

通过定性纠偏，研究将粤港澳大湾区空间单元分为5类，分别为：高端服务型空间单元、混合型空间单元、技术密集型空间单元、资本密集型空间单元、劳动密集型空间单元。各空间单元功能如图6-4所示。

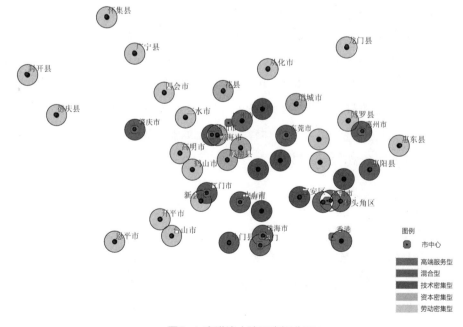

图6-4 粤港澳大湾区空间分工

3．多层次解译空间分类特征

所谓多层次解译空间分类特征，是指先沿某方向解释聚类结果，然后针对聚簇再次深入分析在其他方向上的分异特征。由于粤港澳大湾区的企业在不断地合作与竞争过程中形成了产业链，而空间价值和产业链整合与重组的同时，不同要素的集聚与扩散往往同时发生，从而导致不同产业的多样组合，空间类型的发育亦呈现出相似的特征。空间要素在集聚与扩散中的生产、创造和创新，促使生产环节在不同空间的分工更加细化，由此形成了较为专业化的产业结构。多样化空间类型的形成既是各类要素空间选择基础上交互作用的微观过程，又是在产业垂直联系中的分解与重组，发展水平不同的空间单元根据自身优势构建出不同的功能分工和空间特征，进而促进空间价值的增长，其中又存在着有序和无序两种形式。相关多样化产业集聚才能促进知识溢出，为了适应更高层次的发展和竞争环境，需要摆脱产业结构的"无序"状态朝着"有序"的方向发展，提高空间利用效率以及竞争力。

在应用聚类法进行空间单元分类的基础上，为探索不同类型空间的内部特征，以空间单元包含各要素初始变量值的占比来进一步分析，探讨空间单元的发展潜能。总体来讲，若空间单元某要素变量值或多个要素变量值高于总值的80%，则说明该要素或多个要素可以作为衡量这一统计单元的特征。通过这一标准，多层次空间分类具体情况如表6-5所示。

粤港澳大湾区空间类型　　　　　　　　　　　　　　表6-5

类型	高端服务型	混合型	技术密集型	资本密集型	劳动密集型
专业化	香港岛、九龙半岛、澳门半岛	—	—	—	惠东、龙门
相关多样化	越秀、天河、罗湖、福田、南山	香洲、斗门、金湾、端州、惠城	黄埔、南沙、宝安、龙岗、江海、龙华、坪山、中山东部组团、东莞西北组团	白云、番禺、花都、增城、顺德、南海	新会、从化、中山东北组团、中山西北组团、东莞东南组团
无关多样化	—	禅城、荔湾、海珠、盐田、蓬江、鼎湖、大鹏新区、中山中心组团、东莞中心组团、惠阳、澳门离岛、新界离岛	东莞西南组团	—	高明、高要、三水、开平、台山、鹤山、恩平、怀集、广宁、四会、封开、德庆、博罗、中山南部组团、东莞东北组团

高端服务型空间单元中，香港岛、澳门半岛等空间单元作为金融业、商务服务业及文化、体育和娱乐业高度集聚的区域，从单个空间来看，中心区专注于服务业，如金融保险、营销策划、休闲娱乐等，由此形成了完全围绕服务业所形成的专业化空间特征；而天河、福田、南山等空间单元在此基础上融入了科学研究和技术服务业、软件和信息技术服务业等功能，与外围地区的生产实践活动组成空间上的供应链和价值链体系，形成了多样化且彼此相关的高端服务

功能。这种高价值空间要素向特定空间的集聚，表现为高端生产性服务业的空间类型，以及导致的价值溢出效应，从而使两类高端服务型空间单元共同组成粤港澳大湾区的核心功能区。

混合型的空间单元则包含多种功能，如服务业、制造业等，且制造业种类繁杂，数量均等。这类空间单元的存在是一定发展时期所具有的特征，即现代性服务业或生产性服务业的发展一方面被需求所推动，另一方面是由制造业本身管理方式的变革，以及技术进步和分工深化所引起的。粤港澳大湾区各城市中心区的空间单元大多属于此类，其中香洲、端州、惠城等空间单元内部的制造业均在一定的产业链上展开，属于有序多样化发展的空间单元；与之对应的禅城、海珠，以及东莞与中山的中心组团等空间单元，其制造业的产业类型较多，各类产业分属不同的产业链，属于无序多样化发展的空间单元。

制造业的转型导致其在空间中发生重组和整合，导致空间分工调整和空间结构优化，空间需求的拓展也是在产业链体系内展开，高技术产业发展对劳动密集型产业的"挤出效应"也可以说明空间功能变化是在制造业内升级发展的必然结果。由图6-4可以看出，各地区内部相互竞争的产业发展模式逐渐减弱，随着粤港澳大湾区一体化的推进，科技产业开始有计划地向核心区聚集。因此，环高端服务核心区以及环海湾空间单元形成了技术密集型产业聚集区域，而劳动密集型空间单元则处于粤港澳大湾区的边缘地带。另外，为了分析特定类型空间单元的产业联系，对两者进行深入分析。前者属于粤港澳大湾区的科技产业区，包括了黄埔、南沙、宝安、龙岗、东莞西南组团、中山东部组团等空间单元，多以计算机、通信和其他电子设备制造业、电气机械和器材制造业、新材料等高端产业形成有序多样化的技术密集型空间类型；而东莞西南组团在转向高技术产业的同时，由于包含了过多的传统行业，如纺织服装、服饰业等，且占比较高，因此被归于无序多样化的技术密集型空间类型。后者属于工业化水平相对较低的地域，多数位于粤港澳大湾区的外围，此类空间单元多以劳动密集型产业为主，并呈现出不同的特征。龙门、惠东分别以木材加工和木制品业与皮革及其制品业作为支柱产业形成了专业化产业类型；中山东北组团、中山西北组团、东莞东南组团等空间单元则属于邻近核心功能区，是零部件生产的主要区域，包含有金属制品业、电气机械和器材制造业、橡胶和塑料制品业等，且紧密围绕在主导产业的周边，呈现出相关多样化特征；其余外围空间单元则为了自身发展，承接了大量的劳动密集型产业，如纺织服装业、化学原料和化学制品制造业、非金属矿物制品业等，但大多都没有形成有序的产业链，是典型的无关多样化的空间类型。除此之外，一些技术装备多、投资量大的产业在空间上的片段化布局形成了资本密集型空间单元，如番禺、白云、顺德、南海等，此类空间多位于发展基础较好的区域，汽车制造业、设备制造业、医药制造业等是其主导产业。并且，由于空间溢出效应的发生机理及传导机制，吸引大量周边产业汇集于此，形成了相关多样化的空间类型。

从空间分类结果可以看出，粤港澳大湾区空间发展存在显著的相关性与差异性。同时，以上特征也说明相比区位因素，在空间要素流动加速的背景下，交通因素和地理邻近因素约束下空间交互作用对区域结构起到了重要的影响，空间结构方面亦呈现出整体化的趋势。

6.3 多重作用下的空间结构特征

粤港澳大湾区空间发展受到自然、社会、经济等要素的交互影响，由于地理邻近、经济关联、交通连接等原因，整体发展过程中产业价值链在不断地重组和整合，空间的自身特色和地理特征关系越发密切，关系到空间的可持续发展能力和竞争力。从空间范围来看，距离衰减效应成为空间发展的主要特征；从时间上来看，集聚与扩散则相互交织在一起。市场与政府的推动，促使不同空间单元获得了适宜自己的发展机遇，形成了特定的空间结构。同时，不同空间单元在各方长期的互动过程中，产业和功能已形成了特有的分工关系，导致空间结构层层递进，紧密结合在一起。随着大湾区城镇空间的快速扩张以及空间集群的区块聚合，各空间单元功能关系也在这种快速崛起过程中逐渐发生变化，空间结构走向了相互竞合、彼此嵌套的分工格局。

6.3.1 基于产业价值链的空间关联

产业价值链在一定程度上提升了空间关联维度，其本质是生产体系导向下的，对应总部控制和管理职能的空间往往产生分散式集中，而对应生产制造职能的空间往往产生集中式分散[192]。这种产业之间的动态关联，可以构成紧密的空间结构，而动态关联本身就是一种适应性的变化（图6-5）。正是由于这种动态性的发展，空间在面对产业选择的时候需要有与之相对的适应性，而产业的转型与升级势必会影响空间功能和价值的调整。随着核心空间的高端服务业化，制造业向外围空间的转移，由此不断促进空间产业链的形成，从而体现出区域空间的动态关联。如果产业变迁与空间发展未能实现协调的相互调整，产业的萎缩与空间的衰落也就难以幸免，空间协同也将无从谈起。

空间功能单元可以明确地显示空间发展特征，在这一尺度上产业集聚的本质任务是合理有序地利用空间。根据大数据基础上的空间聚类分析，历经多年发展的粤港澳地区，65个空间单元的产业逐渐呈现出多核心、圈层化梯度分布，形成了以高端服务业引领、多功能联合扩展的城市群区域。在空间分类中可以看到，既有的广深高新技术产业带，也逐步产生了

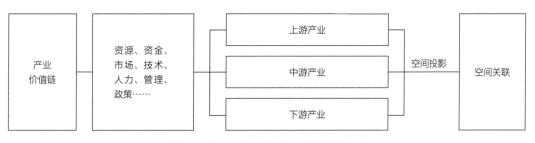

图6-5 基于产业价值链的空间关联示意图

环绕海湾形成的技术密集型区域，同时在广州核心区周边则形成了资本密集型产业环，两者与其他以劳动密集型产业为主的空间单元相互穿插。从中可以看出，粤港澳大湾区的产业基础在产品转化和产业配套方面为空间关联提供了重要支撑，同时，产业价值链则通过空间要素外溢促进着传统产业的转型升级。其中，高端服务空间结构体系由过去的香港中环一个核心，初步转变为囊括香港岛、澳门半岛、广州天河、深圳福田等空间单元在内的多核心动态格局。而"穗澳港深"主城区构成了粤港澳大湾区的引领核心空间，并且环绕核心区形成了一定的产业分工，如，以"广深"轴线为主的高新技术制造高地，环湾区圈层在三个自贸试验区基础上形成引领发展的APS和战略性新兴产业环带，以及结合外圈层的传统制造业等，形成产业多样化集聚特征。内外圈层不同类型的产业在信息化的推动下，从根本上改变了生产的效率，其中高端生产性服务业的多核心布局，为不同类型制造业的升级起到了关键作用。

从粤港澳大湾区的空间发展特征看，过去主要体现在数量扩张和资源竞争，目前正逐步转向提升质量和形成差异，呈现出竞争与合作并存的态势。在环湾区圈层逐渐汇集龙头企业、科研机构等要素的同时，中部及外围圈层正在凭借较大的空间容量和临近优势承载着空间发展要素的外溢。同时，创新型产业和传统型产业空间交错布局，可以形成在互补的作用下相互促进的局面。整体来看，粤港澳大湾区的空间产业分布，空间要素流动，及外溢效应不断趋于合理，成为推动粤港澳区域空间协同发展的重要力量。与产业价值链相对应的空间关联亦逐渐形成，表现出由中心节点、分支节点以及末梢终端组成的"多源星形结构"（图6-6）。

中心节点相当于空间结构的源节点，多为高端服务中心，它为产业链提供了资源和技术基础，可用C来表示出中心节点，包括穗澳港深的主城区空间；分支节点为生产性服务中心及主要制造业空间，是在中心节点的基础上延伸出来的一些具有并列关系的次一级节点，它们的地位大体相同，一般表现为核心技术在各个领域的应用，数目则是由市场、资源、政

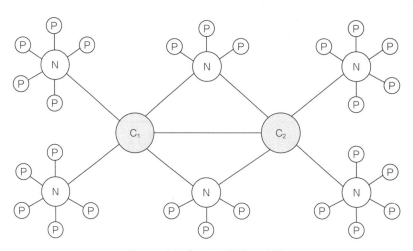

图6-6 空间多源星形结构示意图

策、技术以及环境等因素决定的，可用N来表示，包括各城市的主城区空间，以及顺德、南沙、金湾等空间单元；终端型节点为配套生产空间，是指在不同领域内产业的再次分工，可用P来表示，包括大湾区的剩余空间单元。由此形成的空间关系系统相互联系、相互作用，这种"中心-分枝-末梢"的动态关系，是粤港澳大湾区空间有序发展的基础。

随着粤港澳大湾区快速轨道交通以及新型通信技术的应用，将会大大减少城镇空间的连绵扩展所造成的巨大环境荷载，提升粤港澳大湾区整体的运行效率，新的分支节点会向有一定基础条件和资源条件的空间集聚，离核心区的距离不再是决定性因素，从而环境优越程度会成为高附加值空间的重要考量标准。另外，从资源环境约束看，大湾区能源资源和生态环境空间差异相对较大，部分空间的生态容量已经到达或接近上限，但部分空间还拥有较大的承载能力，在未来的发展中必须顺应社会经济发展对生态宜居环境的需求，推动形成低碳环保可持续发展的新方式。

6.3.2 空间蔓延中的聚合

空间蔓延往往伴随着空间的溢出效应，促使相同活动的临近出现外部性，由此产生的层级特征和向心性特征是粤港澳大湾区空间扩散的主要方式。在空间发展动力逐渐转变的过程中，又会形成多样化的空间集聚（图6-7）。粤港澳大湾区产业的集聚与扩散对空间发展的推动总体来说有两种途径：一是生产性服务型空间因脱胎于制造业空间，造成制造业逐渐外移从而引起空间的扩张，这一过程通过信息与交通沟通了中心与外围空间的交流合作；二是产业的空间集聚与扩散增强了空间分工与专业化的加深，从而通过产业分解与重组实现空间规模经济。

粤港澳大湾区的空间扩张与人口、产业与贸易的发展总体上匹配，"穗港深"作为粤港澳大湾区内空间网络的核心，对其他区域有较强的辐射能力，枢纽功能集中度高，重大基础设施建设也体现了与之相匹配的向心性。东岸空间出现了较为明显的多核心联系，而西岸各

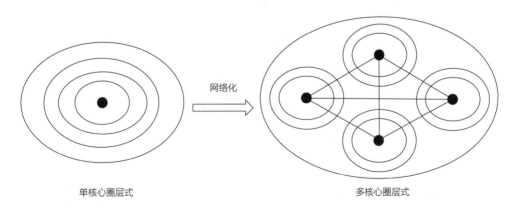

单核心圈层式　　　　　　　　　　　　　多核心圈层式

图6-7 单核空间向多核空间演化示意图

空间则主要与广州主城区空间形成较强联系，由此产生了东岸空间单元之间的联系密度明显多于西岸。东西两岸分异特征同样存在于空间结构中，东岸空间形成了以港深主城区为中心，产业整合水平形成了有序聚合，而西岸则由于澳门辐射力弱，珠海产业的带动能力缺乏，导致空间联系松散且空间结构关联性不强。从产业发展的空间分布看，粤港澳大湾区存在着明显的差异性。根据粤港澳大湾区空间中的产业门类统计，发现粤港澳大湾区产业的集群化聚合程度在不断提高，由此引起的空间分化不断加深。如以整车装备产业链、石油化工、健康医药等产业为主的海湾北岸，以电子信息、生物医药、新能源及新材料产业为主的海湾东岸，以石油炼化产业为主的东部沿海都已初具规模。港澳两地则延续着其本身的金融保险、物流贸易、旅游娱乐等优势产业。除此以外，东莞电子信息和纺织服装、佛山陶瓷、中山灯饰、顺德家电形成了专业镇产业集群，高端服务业则主要集中在"穗澳港深"四个城市主城区，其他城市主城区虽然各具特色，形成了一定区域范围内的服务业聚合节点，但整体发展水平相对滞后，同时大湾区九个国家级高新区定位为战略性新兴主导产业，空间发展格局逐渐清晰。

由此可以看到，产业发展依托于工业园、开发区、高新区，以及交通枢纽周边等专业空间，逐步形成了簇群式发展，整体表现出以海湾为中心向外辐射的不同圈层聚合。内外圈层的分异特征也反映出粤港澳大湾区城镇化水平的差距，道路、港口、机场等重大基础设施，以及一些重要的发展平台也多分布于内圈层。随着城镇化的不断推进，内圈层与外圈层空间单元之间联系日益增多，内圈层对外圈层的辐射影响亦会不断增强。通过观察粤港澳大湾区空间网络组织以及空间产业聚类（图6-8）发现，内圈层以创新科技为主，形成了以前海、

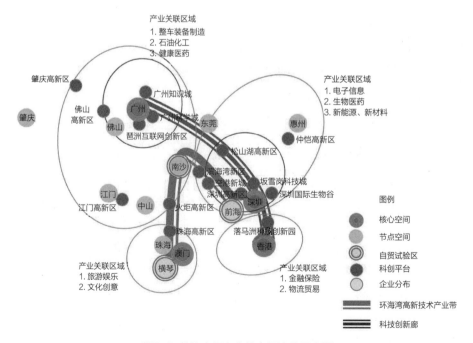

图6-8 单核空间向多核空间演化示意图

南沙、横琴为节点的环湾技术密集型产业环，组成明显的环湾科创空间廊道；环绕北部的广州主城区形成了资本密集型产业环；环绕东岸深圳主城区形成了高科技产业环；其余外围区域则以劳动密集型产业为主。产业类型的差异反映了空间分布的联系性与互补性，从而各空间发展逐渐形成系统性的有序聚合。

总体上，粤港澳大湾区的空间结构遵循着一定的发展规律，空间蔓延中的有序聚合会有效地产生空间专业化分工的地理集中，会促进空间协同程度的提高，空间结构的多元化更有利于知识溢出和创新，形成相互影响的结构体系，从而提升区域综合实力。由此形成的产业价值链整合与互动对经济增长的溢出效应非常明显，不但使空间区位与产业优势实现互补，而且也实现了空间资源要素的共享，这种积极的外部性合作将有助于空间协同发展。粤港澳大湾区的空间有序聚合从空间组织逻辑来看初步表现出集聚性和扩散性，关联到核心空间对其他空间单元联系强度上升的现实，粤港澳大湾区各空间单元的功能互补性日趋增强，依靠产业链使得各个空间单元之间形成了相互依赖的专业化分工模式，这对于粤港澳大湾区整体建设而言，是可以期待的空间优化路径。

6.3.3 边界空间的逐步开发

空间单元之间常常基于垂直或水平联系，形成专业化、互补性的空间构成，合理的空间关联基于产业价值链协同效应来实现，并通过市场的相互依赖加强联系。但是空间边界通常起到了负面的分割作用，由于外部性而需要合作的多个空间，往往被空间边界影响而搁置开发。因此，在空间协同发展中，边界地区的共同开发需要共享某种核心利益的驱使，当空间具有共同的利益而达成一定共识目标或分享收益的时候就渐渐相互渗透，共同作用于边界地区。考虑到空间的复杂性，很难把一个实际生活中的空间边界地区进行单一的划分，而实际生活中的空间边界往往兼有多种性质。如果相邻空间履行互补性的职能并产生协同效应的时候，与此相对应的生产和生活环境就开始相互融合，空间边界便具备了共同开发的特征（图6-9）。

粤港澳大湾区绵延的城镇空间形态背后，是逐渐增强的空间联系，与逐渐密集的空间网络。空间边界地区的发展同样受到多种潜在影响因素的作用，其中空间的梯度分异，集聚与

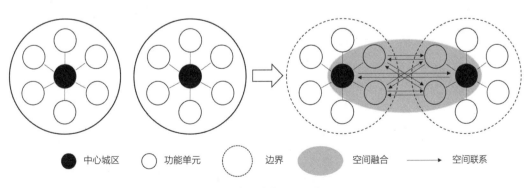

● 中心城区　　○ 功能单元　　⟳ 边界　　◯ 空间融合　　→ 空间联系

图6-9 空间融合发展示意图

扩散等方面的因素相互交织，造就了当前粤港澳大湾区空间相互渗透的开始。跨界空间共同开发合作是探索区域一体化发展模式的基本手段，一直以来粤港澳大湾区边界地区并不是发展的重点，但在2008年后，随着《珠江三角洲地区改革发展规划纲要（2008—2020年）》的出台，以及CEPA协议的深化，粤港澳大湾区空间合作开发逐渐开始。在这一过程中，伴随空间要素的跨边界频繁流动，边界地区转化为连接两侧的功能空间，其地理区位由边缘地带转变为开始合作的创新前沿，并且资本固着的效应非常明显，形成了新一轮空间开发建设的焦点地带（图6-10）。尤其在"深港"与"珠澳"的交汇处，"一国两制"的独有优势发挥

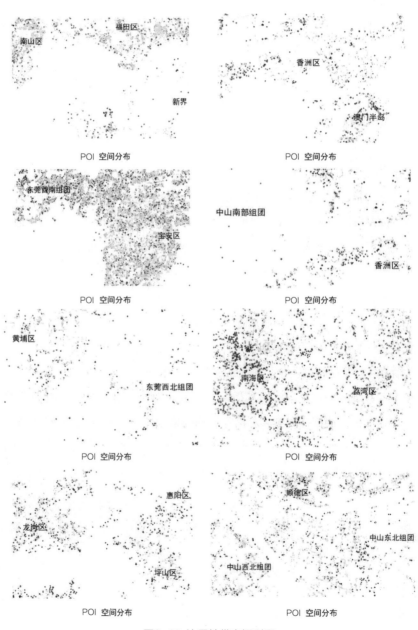

图6-10 边界地带空间利用

强大的作用，由政府主导，沿边界构建一定地域范围的空间作为区域融合与制度创新的实施平台，探索解决空间分割问题的同时，希望催生出新的动力机制。例如：在联席会议中达成共识并积极推进的代表区域，珠澳跨境合作区与深港落马洲河套地区等。其中，"深港"双方联合开发落马洲河套地区空间，借助建设港深创新及科技园探索落马洲河套地区共同开发管理的机构设置，以"深港"边界空间的联合发展专责小组领头，形成主要的高等教育合作地区，并辅以文化创意产业、高新科技研发与知识科技交流功能；"珠澳"跨境合作区则设在澳门西北青洲与珠海拱北茂盛围之间，分为澳门和珠海两个园区，园区之间开设专门口岸方便连接。随后，2015年中国（广东）自由贸易试验区正式获批成立，位于海湾顶端及两侧底端的广州南沙、深圳前海以及珠海横琴片区进行了整合开发，形成"保税港区+自贸试验区+合作区"的平台叠加模式。除此以外，在空间不断扩张以及产业集聚与扩散中，各城市边界处开始形成基础设施共建、企业汇集或居住生活的跨界合作区域，如广佛、深莞、深惠等边界区域。但是，作为行政区划的分隔，边界处的空间往往存在各种各样的问题，如管理上的混乱、基础设施供给的差异、要素流动的各项壁垒等。边界处的发展往往成为一个复杂的治理过程，其规划建设需要多要素、多层面、多部门联动。因此，为了更好地有效整合边界两侧空间资源，使其成为地区间功能互补的平台，增进边界两侧的空间流通，需要提供相应的政策服务以降低由于行政差异所造成的摩擦成本，加强顶层设计是非常必要的。

综合来看，空间边界的弱化对粤港澳大湾区整体建设的意义重大，它会从基础层面奠定大湾区迈向空间协同。而粤港澳大湾区空间的未来也必将走向边界的消融，空间整合将会以海湾为核心，发挥整体优势，以高质量空间与科技创新的双重优势承接国家"一带一路"等发展倡议，最终推动粤港澳大湾区空间的深度整合与全面发展。

6.3.4 海湾空间集聚效应显现

海湾在粤港澳大湾区的发展中，无论是在空间形态的扩展还是空间网络的组织方面，都发挥了关键性的影响作用。一方面，海湾的存在对区域的发展有着分隔作用，使得空间联系成本加大；另一方面，海湾的存在扩大了区域的临海空间，使其在生态环境以及内外联系中存在先天优势。而海湾空间作为公共资源，其自身的特殊性将去除过度中心化，使得空间等级化态势减弱，有利于区域基础设施的均衡配置，并且由于多中心空间结构伴生的竞合关系可以借助海湾空间予以多样化的引导（图6-11）。这个目标的实现，有赖于粤港澳大湾区能否将海湾空间打造成富有魅力的公共空间体系，以此来促进各类空间的协同发展，营造美好人居环境的同时促进空间质量的提升。

改革开放后，随着粤港澳大湾区社会经济的快速发展，空间扩张迅速，而空间发展动力的不断改变造成了空间的根本性差异，同时海湾对于区域的影响作用在不断增大。一方面，在海湾空间分隔作用的影响下，由于不同空间经济带动能力有着较大差距，致使海湾东西两岸、环湾区域和外围区域的产业类型、产业布局、空间质量存在显著的差异；另一方面，海

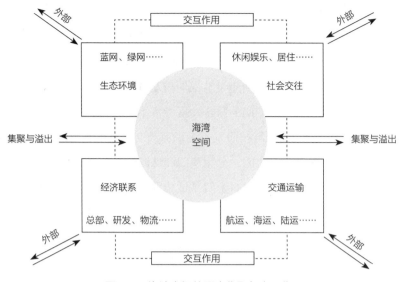

图6-11 海湾空间的要素集聚与交互作用

湾空间的影响不但体现在交通联系、港口和对外贸易上，同时对于生态环境的重要性也是不言而喻。在粤港澳大湾区的初始发展阶段，环湾东岸空间凭借地理临近优势以及便利的水上交通，引起空间的快速扩张，造成空间开发密集区的交通拥挤、环境恶化、机会不平等问题更加普遍也更加难以解决。并且，由于土地开发权力下放、自由放任的发展模式以及分散化治理的原因，土地开发力度较大且沿海湾岸线空间利用无序化，在生态空间缺少统筹规划的条件下，生态碎片化程度在不断加深。在粤港澳大湾区城镇空间步入升级转型时期，高端服务型与高新技术型空间所形成的产业带不断向环境条件较好的环湾空间集中，其重要性日益显著，它的发展对大湾区的整体提升意义重大。2014年，广东自贸试验区获批，环海湾空间的发展战略进入一个新的发展阶段。作为大湾区建设的重大基础设施，港珠澳大桥、深中通道、广深西部快速轨道线、广深港客运专线等项目将连通海湾两侧空间节点，进一步拓宽环湾空间交往。深圳前海、广州南沙和珠海横琴的开发建设，将会使得环海湾空间合作区域划定共同的合作开发区以及协商提升区，而空港新城、滨海湾新城、翠亨新区等环湾新区的建设则代表了环海湾各市对海湾空间作用的越发重视。这也从侧面反映出提高海湾空间环境水平、推进生态海湾建设、优化区域空间格局成为发展的必然方向，而富有魅力的优质水岸对空间转型升级的推动作用显而易见（图6-12）。

毋庸置疑，海湾空间作为最多样、最优质、最宜居的水岸环境充满着发展机会，为打造具有魅力和独特性的公共空间，并引领空间要素的集聚创造了有利条件。可以预测，粤港澳大湾区未来的海湾空间将会由高端服务业以及丰富的文化艺术设施组成，成为社会经济创新的摇篮。但粤港澳大湾区在前期的发展中，由于环湾空间分属不同行政区划，因此在基础设施建设、产业结构、吸引资本等方面存在着竞争，使得空间结构形成缺乏整合的分散化布局，如生态空间碎片化、空间联系不均衡等。如果要打破以往空间发展的问题，需要着眼于

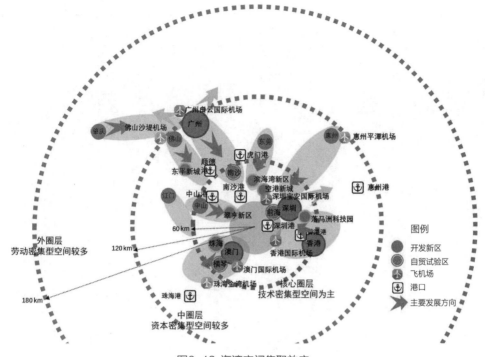

图6-12 海湾空间集聚效应

环湾空间整体的布局优化和空间重构，通过一体化建设思路将海湾空间紧密联系在一起，形成真正意义上的环海湾生活圈与产业圈。首先，以海湾空间为核心理顺粤港澳大湾区的空间秩序。沿环海湾不同圈层空间功能的有序布局将有助于提升空间要素的配置效率，实现资源要素的全域流动，形成空间协同的发展模式。其次，以海湾空间为重点构建基础设施建设、空间要素流动和生态环境优化三者匹配的空间结构。根据现有基础，在核心空间的相互作用下形成高端服务业以及创新科技产业为主导的空间布局。最后，以海湾空间为平台，结合港口群、机场群和轨道交通，利用"一国两制、三个关税区"的异质性，形成全球贸易体系中的综合枢纽。注重空间体系中基于价值链的等级层次分布，构建粤港澳大湾区的三个关税区和三个合作贸易平台，打通制度隔离下的要素流动渠道。诸如：环湾北岸广州南沙片区与本地关税区，环湾东岸深圳前海片区与香港关税区，环湾西岸珠海横琴片区与澳门关税区三个贸易合作区。

总体而言，海湾空间作为高端产业集聚区、沿海交通枢纽群和城镇空间连绵带，是参与全球产业分工的重要基础，这种由海湾引起的空间动态关联将会影响整个区域的发展，甚至改变区域的空间演化模式。粤港澳大湾区若以海湾作为融合剂，必然会影响到原有空间秩序，需要改变之前的空间格局，引导空间竞争向协同的发展模式转变；通过环湾空间的合理利用促进粤港澳大湾区的资源优化，并进行跨界资源整合，构建治理体系。这将从空间协同方面进一步破除行政空间边界的封闭性，从而促进粤港澳大湾区多元化多层次空间结构的形成，成为国家尺度下的核心发展区域。

第7章 | 关于推进粤港澳大湾区空间协同的思考

新经济与全球竞争加剧的背景下，通过空间协同发展促进内生竞争优势潜力的形成，对于粤港澳大湾区的未来发展而言显得尤为重要。诚然，外向联系一直是粤港澳大湾区的优势所在，也应成为新阶段发展战略导向下要延续的竞争优势，对于内生竞争优势的形成，则更需要自主创新的驱动，促使粤港澳大湾区表现出强劲的原生性发展潜力。空间作为平台承载着引领社会经济转型，加强区域合作的重要使命，空间系统在这个过程中是转型成功与否的关键，引导空间协同发展亦是保证粤港澳大湾区未来一体化建设的重要途径。从方法论来说，空间协同是复杂系统有序结构形成的内驱力，可以有效推动不同空间主体间的整合与治理。根据前文分析，粤港澳大湾区的自然、社会、经济等空间要素之间的协同效应正处在起步阶段，并未形成稳定的系统结构，若要达到这一目的仍需要具备以下特征：空间价值的共享，空间的合理分工与协作，海湾空间的整合利用，以及政策制度的引导。

7.1 从空间价值的占有到共享

空间价值共享作为空间协同发展的内在要求，是不同类型空间的良性互动，其发展模式对于可持续发展具有不可忽视的作用。从空间价值的占有到共享可以看作整个空间系统的发展目的，是空间相互作用产生的协同效应，本质是空间要素以互动合作的方式在各成员间分配正向溢出效应，进而促进区域整体的发展，空间协同则是要素合理布局而形成的最佳组织。基于价值共享的空间发展模式是一个他组织与自组织共有的过程，是以空间要素充分分析论证为基础，在科学发展观的指导下构建，展现"共生、共享、绿色"三个原则。要实现空间价值共享，宜逐步打破封闭的纵向垂直型发展思路，要通过空间资源合理安排来实现区域的协调发展和繁荣共生。并需要改变传统外延式增长发展，转向注重提升空间资源禀赋，整合空间内外要素发挥系统性效能，在区域层面上展开合作形成价值共享，才是新阶段粤港澳大湾区空间协同发展的核心思想。

7.1.1 "天人合一"的空间发展理念

人与自然在本质上是相互作用的，故一切生产生活均应合乎自然规律，实现人与自然的和谐。"天人合一"的空间发展观源于生态空间、农业空间、城镇空间，但又在这些空间之上，目的是满足永续发展，提升人民生产、生活等活动质量的需要，是推动生态产品和文化产品价值实现的主要思想，是建设生态湾区的核心理念。推进大湾区有序合理地开发建设，需要以"天人合一"的空间发展理念为引领，注重生态环境质量提升，构建保护环境和节约资源的生产生活方式，实现绿色低碳可持续发展。从社会民生视角看，优质的空间环境作为最普惠的公共产品，是可以推广的民生福祉。粤港澳大湾区的现代化不仅是社会经济的发展，更是人与自然的和谐共生，创造更多精神财富和物质财富的同时，不断提供优质空间满足人民日益增长的各类需求。

随着城镇化进程的推进，粤港澳大湾区的城镇空间扩张非常明显，空间价值多体现在对生产效益的不断追求上，导致环境承载力的降低。其中，广深廊道的空间开发强度最大，人口密集、交通拥堵、生态碎片化等现象尤为突出，这一状态需要我们重新认识空间价值，并亟待加强空间的协同治理。若要整体提升粤港澳大湾区空间环境质量，则需要有序地进行各类空间的共建共享。一是推进大湾区空间环境整体建设，构建区域生态保护体系，支持粤港澳大湾区两大生态屏障建设，即外围山体绿色生态屏障和沿海蓝色生态屏障。同时依托水系、湿地、森林等要素修复生态空间，建造生态廊道串联分散在城镇之间的绿地斑块，形成生态空间网络联通区域不同空间的自然生态系统。二是加强海陆交汇地带的生态空间管理，改善和保护滨海环境，提升海洋灾害的预警能力和应急响应，加强海洋资源的合理利用，评估沿海区域的资源禀赋，因地制宜地构建发展模式。三是积极打造生态防护屏障的同时，加强大湾区生态环境合作交流，共同商议大气、水、海洋等议题，推进界河共同治理、饮用水源保护、臭氧联防联控。立体推进空间环境建设，组织开展湾区内生态发展水平评价，增强生态空间的服务功能与生态系统的可持续性，形成分工明确、共同决策的实施机制。

可以说，粤港澳大湾区要达到天人合一的空间发展观，需要在全域范围内均衡空间价值的不同体现方式。首先，要不断强化生态空间联系、扩大环境影响力，并且积极地融入全域生态保护战略，以内核海湾与外围山地为基底，统筹谋划、共同发展，形成粤港澳大湾区的生态优势，实现不同圈层空间价值的提升。其次，通过在各领域的合作，增强不同类型空间与环境的交互影响，提升生态效应的活跃度，逐步优化空间结构。在此基础上，各空间要发挥自身优势，积极融入协同发展战略，提高其综合质量。通过加强空间的带动作用，加快环境资源要素融入湾区发展体系，发挥全域空间协同的优势作用，促进大湾区多极网络化生态空间建设，将粤港澳大湾区生态空间价值上升到政策层面。"生态优先、绿色发展"的高质量发展道路，是粤港澳大湾区在资源环境约束条件下，秉持立足自身的资源安全观，实现区域有序发展的前提，也是积极应对全球气候变化、共建人类命运共同体的必由之路。

7.1.2 扩大空间的开放性，建设多元化的空间体系

空间系统必须时刻进行物质、能量和信息的交换才能生成、存在和发展，空间的开放是空间相互作用、保持活力的基础。由于城镇空间规模的扩大、空间流动性的增强，粤港澳大湾区在交通快速化、立体化，以及通信体系的支撑下，出现了生产要素的加速转移与扩散，促进城镇空间联系越发紧密，以及城镇空间网络密度的不断增大，初步形成了网络化的发展格局。大湾区的发展也从单一的城镇空间的内部扩张逐渐转为城镇群体空间的相互渗透，促进了空间相互作用的进一步强化。发展至今，粤港澳大湾区的空间"捆绑"十分常见，其中"双子城""都市圈""经济带"的建设正在突破以往的行政区划限制，越来越多地成为新的社会经济区域划分方式，但随之亦出现了相互间的利益矛盾与冲突。面对这一问题，需要以开放的姿态进行大湾区空间价值的分配，从而弱化乃至消除空间发展中的价值差异，培育起面向未来发展的多元化空间体系。

扩大空间开放性是改善民生和拉动内需的核心动力，生产和消费活动的共享可以大幅提高社会劳动生产率，推动社会扩大再生产；可以释放对基础设施和公共服务的巨大消费需求，提升居民生活质量；也可以促进土地集约高效利用，缓解发展与资源瓶颈之间的矛盾。这种开放式发展意味着新的开发视域，从以行政边界为主的空间发展转向空间协同化，将会面临整个关系结构和系统多元化、复杂化的难题。意味着各层级、各类型的空间在政策和规划的合理安排下，通过要素的流动构成具有自适应特征的空间组织，并在空间交互作用中不

断适应和演化，形成多样化发展的结构。以往的粤港澳大湾区空间发展是以优势争取、各施所能、各取所需，那么未来的发展应当走向优势整合、协同互补、共同缔造。在强化空间互联互通的基础上，开发更多的要素流通渠道，推动空间要素的有序整合，建设多元化的空间体系，对粤港澳大湾区空间合作和质量提升具有重要意义。目前，《广东省国土空间规划（2020—2035年）》开始提及以超大、特大城市，以及具有强大辐射带动功能的大城市为核心，在一小时通勤圈的基础上构建服务范围，建设广州都市圈、深圳都市圈、珠江口西岸都市圈等现代化都市圈的区域协调策略和空间安排。但未来的空间建设不止如此，大湾区更需要多措并举，共同构建开放型、优质型、魅力型、生态型的生产生活空间，并且积极拓展粤港澳大湾区在社会保障、文化旅游、医疗教育等领域的互通合作，形成多元化的公共服务空间体系。

7.1.3 基础设施的共建共享，形成一体化的空间网络

发达的基础设施会打破地理空间的限制，促进人才、技术、资本以及信息等资源要素在更大的范围内快速流动，为生产效率的提高提供了非常有利的条件，也促进了技术和创新要素的扩散，对优化空间结构和增强空间网络产生了积极影响。粤港澳大湾区正式的区域合作开始于由政府所主导建设的基础设施项目，大规模的基础设施共建合作对区域的整体发展产生了关键性的作用。随着广深港高铁与港珠澳大桥的陆续建成，大湾区内部的交通情况有了较大的提升，并且在大湾区的交通建设中，深汕铁路于2021年年初开工，深茂铁路预计2025年通车，深惠城际、穗莞深城际等多条城轨已经开始着手规划建设。关于大湾区世界级机场群的建设，广州白云机场三期扩建工程，深圳建设机场第三跑道，并且开通了澳门、香港跨境直升机等方面的服务。此外，关于完善港口群功能布局，粤港澳大湾区组合港中"蛇口—顺德"组合港作为首个试点项目于2020年11月启动，"陆海空铁"立体化物流网络正在打造。这一系列基础设施"硬联通"的建设，将极大地推进粤港澳大湾区的空间网络建设。

虽然粤港澳大湾区的基础设施建设在不断完善，但目前来看仍然面临着较多的挑战，空间流动效率尚待进一步加强。首先，基础设施建设有待优化，大湾区外圈层空间的通勤时间依然较长，城际轨道交通发展仍然不足；其次，基础设施建设欠缺整体的协作与管理机制，存在着由于行政边界造成的空间分隔现象；再次，跨境基础设施的运营经验不足，应对的政策仍旧处于探索期，跨境的基础设施是否能够有效地发挥作用仍然存有疑问。针对于以上不足，需要通过以下几个方面进行协调：

一是要培育更多的交通节点，强化交通网络体系，协调空间基础设施建设规划，要在现有的以广州为核心节点的交通网络基础上，建设多节点交通圈。以发展轨道交通、城际铁路，以及快速连接通道等措施促进粤港澳大湾区空间网络体系的升级和空间结构的优化。注重改变交通系统的区域不均衡性和基础设施配套的不完善性，加快推进海湾两侧基础设施建

设，改造传统交通网，形成以高等级铁路网和公路网为主的便捷联通，促进与节点空间的快速交流；并且加快大湾区内外的交通及通信网络建设，开拓区域对外联系通道，促进大湾区与域外城镇的空间关联。

二是随着基础设施水平的不断提高，各类通关口岸则需要更多的合作开发，加快跨境空间的互联互通，强化港澳与内地联系，形成高效便捷的湾区内跨境综合交通运输体系。不但要加强通关的便利性，如实行24小时通关，加快推进澳门轻轨横琴线、妈湾跨海通道与港深西部快轨等重大项目；而且要深化口岸经济带建设，如：深港科技创新合作区、深港国际旅游消费合作区、粤港澳游艇旅游自由港等合作平台的建设。

除此之外，稳定安全的水和能源供应体系是粤港澳大湾区可持续发展的基础，以此为契机，共同推动各种基础设施的综合衔接、高效发展，对于提升空间的韧性和提高大湾区的凝聚力具有重要意义。

7.1.4 重视智慧空间对价值共享的积极促进作用

粤港澳大湾区发展演变的实质是空间的生产和再生产，在此过程中，经济发展对空间效率的追求，从宏观上造成了城镇空间发展的不平衡，从微观上造成了城镇空间的竞争与合作，从而形成大湾区内各空间的发展差异，以及对空间发展资源占有量的不同。时至今日，各个城镇空间的发展逐渐由招商引资转向内生系统，这对于不同组织间的关系需要从竞争进入有序。统筹空间开发，提高资源配置效率，成为粤港澳大湾区发展的内在要求。在原有发展基础上，若以智能化、云计算为基础进行空间创新，能够加快形成统一、透明、有序、规范的发展环境。要强化科技对空间发展的促进作用，推动空间智能水平的提升，关键是要加大对科技创新的实际应用，重视知识经济对空间发展的巨大影响力，充分发挥科技创新与空间的融合，共同打造智慧空间。以此为目标，要有效实施创新驱动型空间发展战略，完善创新制度和创新政策环境，合理引领粤港澳大湾区形成开放且融合的空间创新体系。

智慧空间的营造，需要结合粤港澳大湾区的基础设施建设，形成以人工智能、互联网、物联网等为基础的新型空间，而高速率、大容量、低延时网络与空间结合，将会推动生产生活方式的根本性变革。首先，粤港澳大湾区空间会成为一个大数据、云服务、量子通信等技术融合的综合信息共享平台，以此促进空间发展和信息化深度融合来推动智慧空间的构建。其次，空间的开发会通过信息采集，建立社会全要素数字化档案，以此增加空间的防护智能感知，形成智能化安防系统。再次，空间与人工智能的深度结合，会组成多感官的空间神经网络，形成智慧感知系统，并通过智能分析进行空间发展的研判，以此辅助空间治理能力的提升。最后，通过智慧空间可以合理引导空间要素流动，提高空间相互作用强度，实现空间的公平性与公开性，从而有效推动粤港澳大湾区空间协同发展。

7.2 空间的合理分工与协作

空间的合理分工与协作是社会经济发展到一定阶段的客观需求，旨在解决空间资源的合理有效利用，以达到空间协同发展的目标。一直以来，外向联系是粤港澳大湾区的优势所在，但也造就了空间同质化现象比较严重，无序蔓延的生产用地仍旧占据着大量空间，与此同时，空间供给不足亦是未来困扰粤港澳大湾区的一个主要矛盾。随着宏观经济环境变化，尤其是在全球竞合关系不断加剧的情况下，外源性优势正在减弱，面临着越发严重的制约，平衡内生与外生的关系已非常重要。由此形成的产业优化升级将会导致空间结构进行重组，生产的相对集中不可避免，科技创新产业的作用会更加凸显，空间有序化与集约化将成为空间组织的新特征。这种情势下，空间的合理分工与协作是区域空间协同发展的根本。

7.2.1 差异化发展与优化空间布局

在产业价值链作用下，部分空间将会历经从制造向高端服务业中心转化的过程，部分空间则有可能通过强化某专项功能进一步巩固在空间网络中的节点地位。这种空间的差异化发展，能够避免因空间结构同质化导致的重复建设与恶性竞争，从而形成空间的有机联系，并且根据需要组建提高空间流动性的联系渠道，引导各类型的空间流进行合理的集聚与扩散。通过前文分析可知，粤港澳大湾区目前已建立起"多核心、多圈层"的宏观空间结构，但是在微观的空间单元层面，无序发展的空间仍然大量存在。因此，空间的分工与协作还需要以产业链的有序布局为基础，通过各空间的比较优势形成专业化分工与整体协作，提升大湾区综合竞争优势。

空间要素差异化集聚，以及创新生态链优化完善，可以有效引领空间协同发展。根据粤港澳大湾区现有产业体系，优化大湾区空间布局，必须实施全产业链发展战略，推动产业迭代升级，打造现代化空间经济体系。要加快培育、引进代表未来发展方向的产业项目，空间在差异化发展的同时实施"链长制"，精准推进不同空间的强链、补链、连链、延链，打造出以优势传统产业、现代服务业以及战略性新兴产业相互促进的产业结构，形成梯次型现代产业体系来优化空间布局。首先，整合大湾区不同空间的发展优势，依托空间要素的流动性，从产业源头入手促进分工，加强空间联动的同时在创新中寻找新的发展，进一步促进在科技创新驱动下的空间要素集聚和全域空间产业链的打造，为粤港澳大湾区空间协同发展创造适宜的环境。其次，需要通过资源要素的共生集聚推动粤港澳大湾区的空间重组，提高空间功能与产业的匹配度，降低不必要的成本，促进空间专业化的同时将制造业与高端服务业相对接，促进空间产业价值链不断向高端延伸。再次，发挥空间区位特点和产业相匹配的优势，明确空间定位，进行资源整合，并借助空间差异实现优势互补，从而建立有效的合作机制，推动粤港澳大湾区"资金链—产业链—创新链"的动态循环。

粤港澳大湾区不同空间的资源要素各有优势，在发展过程中要考虑如何依靠合理的空间布局让技术、人才、环境等发展的关键要素发挥作用，且深入地嵌入到当地发展中。由此可以达到空间发展要素的相互协调与合作，可以充分发挥空间比较优势，优化粤港澳大湾区空间布局，并在更大的范围内实现资源最优配置，提升区域整体性。

7.2.2 重视形态多中心向功能多中心的转向

多中心与多样化是促进空间协同、保证服务供给和满足空间差异化需求的发展策略，这一目标的实现要依赖各顶层设计的纵向协调，以及各部门之间的水平合作，形成对资源和目标的整合。不同尺度的空间合作和产业统筹布局是实现空间协同发展的有效途径，需要以核心空间形成集聚与溢出的高地，以空间分工与协作为手段打造能级梯度型的空间结构，实现在空间增值方面的有机性和系统性。从粤港澳大湾区的发展演变来看，空间表现出多中心但又逐渐极化的发展特征，其中"穗港深"的中心性越发明显，空间的分工和协作之间的矛盾也日益扩大，这种"形态多中心"需要向"功能多中心"转变，这也是在目前已有发展基础上应对这一矛盾的有效方法。

首先，以"穗澳港深"主城区为引领核心的同时，发挥广州南沙、深圳前海、珠海横琴的协作功能，构筑国际交往、金融服务、航运物流、休闲旅游、门户枢纽等功能的差异化布局，形成具有互补作用的高端生产性服务业汇集地。进而结合广深港之间的高新技术产业集群优势，形成深圳高新区、东莞松山湖、广州高技术产业区等作为创新功能节点，提升科技创新与先进制造等功能。同时，以佛山高新区、中山火炬区、珠海高新区为创新功能节点，提升先进装备制造等功能。

其次，形成环海湾圈层分布的多样化空间结构，并且沿着不同空间圈层发展关联产业，形成空间功能纵深协作的局面。以"环海湾内圈层"为主的创新环是未来大湾区的创新增长点，在智能制造、机器人、人工智能等领域具有技术的领先优势，如果充分利用内圈层优质的空间环境，先进服务业和充足的科技人才优势，形成相互作用的生产制造与科技创新功能，对于培育创新空间，从源头入手促进空间转型升级，在创新中寻找新的功能互补至关重要。"环海湾中圈层"目前多以资本密集型产业为主，如以整车制造、精密机械制造、生物医药、石油化工和电力能源业等产业为主导，应在此基础上关联内圈层，形成交替影响、成果转化的空间功能关系。"环海湾外圈层"目前以劳动密集型产业为主，应在承接产业转移的同时发展绿色农业，在做优传统优势产业的基础上发展现代都市农业体系和生态旅游业，形成空间功能上的互补。

随着粤港澳大湾区空间差异化的进一步加深，建立在功能多中心基础上的空间分工将向更深、更广的方向发展，中心空间及外围空间形成特征明显的群体，不同类型、不同功能的空间形成更高等级系统的空间网络，进而推动空间协同程度不断加深。

7.2.3 空间关联的动态化

粤港澳大湾区成立的根本目的是要充分发挥各地的比较优势，优化空间结构体系，在更大的范围内实现空间资源最优配置，提升区域整体凝聚力。在空间关联方面，粤港澳大湾区现有空间多以直接关联为主，间接关联并不显著。根据前文空间网络分析得知，粤港澳大湾区的空间联系不断增强，空间网络密度也随之增大，空间体系的发展演变由极化趋向于均衡，然后再转向极化，反映在网络中心性上最直接的就是介中心的减少。其根本原因在于交通与通信飞速发展的今天，空间距离不再成为联系的主要障碍，核心空间与外围空间正在形成较强的直接关联。同时，各类空间单元之间的关联程度同样存在差异，强关联与弱关联的空间分工与协作程度也不相等。强关联空间之间更容易产生溢出效应，但是交换的空间要素较为相似，在没有形成良好的顶层设计之前趋向同质化。而弱关联空间之间存在差异化的新要素，便于实现突破性发展，但也需要两类空间具备较高的要素吸收与扩散能力，如空间要素互补、可调节的国土空间等。可以说，强关联和弱关联各有优劣，可在粤港澳大湾区空间协同发展中扮演不同角色，并最终聚焦于大湾区空间协同发展的最终目标。与此相应，空间的动态关联有助于加快空间要素流动和空间效率提升，实现共性关键技术的突破，形成空间的智能化、绿色化、个性化转型。同时，围绕产业链循环上升的空间升级，将引导应用与创新的良性互动，培育产学研相结合、上中下游衔接、大中小企业协同的空间关联体系，保障空间的有序合理分工。

空间的联动不仅体现在经济发展或产业布局上，也体现在生态治理、人员往来、社会民生等方面。为丰富文化和生活产品供给，粤港澳大湾区各地围绕绿色生态体验、历史文化遗产、海滨度假、游轮游艇、美食文化等开发特色产品，满足生活消费需求。《粤港澳大湾区发展规划纲要（2020—2022年）》三年行动计划中的重点任务之一就是"建设广东省粤港澳大湾区文化遗产游径"。2020年6月，首批粤港澳三地文化遗产游径发布，具体有"古驿道、海防史迹、海上丝绸之路、华侨华人文化、孙中山文化"等27段实体游径，将粤港澳大湾区不同空间的文化和自然资源有效串联，为空间的互动关联提供多元选择。可以说，促进空间联动，将会促进"湾区的互通"与"湾区的互融"，助力空间协同关联。

总之，粤港澳大湾区中各个空间单元之间的分工与协作是空间主体适应性互动的过程，也是相互关联、相互作用、功能互补、竞合共生的结果。空间要素的多维流动构成区域内部空间主体的密切联系，空间主体的决策与行为决定着大湾区的空间发展。理顺粤港澳大湾区的空间秩序，构建合理的空间分工与协作，将有助于提升空间要素的配置效率，实现空间要素的全域流动，形成具有可持续发展性的空间形态特征与网络组织。

7.3 海湾空间的整合

湾区之"湾"，是向海而生，是开放包容，是与国际对接并竞逐世界的纽带。粤港澳大湾区既有漫长的沿海岸线及滨海区域，也有丰富的内陆水网，作为海陆生态系统交汇地带，水系是海湾的主体。其中，河口湾与侵蚀湾各具特色、环境优良，具有成为全球创新生态系统培育地的基础。另外，生态环境优良的滨海地带会对高端人才形成引力，在粤港澳大湾区向高端产业转型的过程中，优质魅力海湾空间对于大湾区走向创新发展具有难以替代的重要意义。根据前文研究，粤港澳大湾区以伶仃洋海湾为中心向外逐渐显示出一体化发展趋势，各类要素的环湾聚集特征明显。可以预见，未来海湾空间的利用将更为重要，合理的开发建设可以有效地配置粤港澳大湾区的空间资源，从而推进空间的协同发展。本书对于海湾空间整合的建议主要体现在以下几个方面。

7.3.1 岸线空间的统一开发与治理

海洋与陆地是人类的生命系统的根基，为人类活动提供了必需的生存空间与资源要素，海陆在空间上互相衔接、互相渗透、互相依赖，同样对海洋的开发也是人类陆地活动的空间延伸，二者相互依存。海陆交接的岸线空间担负着海陆能量与物质的转换，生态性相对脆弱，然而岸线空间是人类高强度、高密度的活动地带，生产与生活的影响显著。因此，在人类与自然的多重作用下，岸线空间的开发利用将会受到多种因素的影响。

首先，生态岸线的保留将畅通粤港澳大湾区"内部—外围"的生态循环。如果从区域尺度观察海陆生态循环的过程，其关键在于生态网络和生态服务的形成，以及岸线空间开发的可控。所谓促进海洋和内陆在生态网络上实现动态平衡，就是从过去生态碎片的点状分布状态，迈向更高水平的、网络化的生态可控状态。一方面，有必要以生态安全为目标保持一定数量的生态岸线，更多地以满足生态网络需求作为空间开发的出发点和落脚点，依靠构建完善的生态网络体系，能够更积极、更系统地保障生态空间，形成海陆生态循环来改善空间的无序增长，有利于整个大湾区生态系统的安全稳定。另一方面，生态网络的形成和生态系统的有效供给也依赖于内部海湾与外围山体之间生态廊道的畅通和呼应，而生态廊道的保留也能够更好地打造空间环境，优质的空间环境有利于吸引全球资源要素的流入，有利于提升粤港澳大湾区参与国际竞争合作的优势地位。打造生态岸线的目标，是要有效满足整个区域生态网络需求，合理建设生态廊道，形成内部海湾与外围山体的生态良性循环，最终形成"海洋与陆地"的良性互动，让生态共享成为社会经济发展壮大的基础，更好地体现粤港澳大湾区的责任与担当。

其次，应当加强海湾空间的共同开发，通过海湾岸线的合理规划，实现文化和自然资源的保值增值，发挥三生空间的综合价值，探索地方的人文、绿色、特色化发展路径。一方面，伶仃洋海湾作为粤港澳大湾区核心海湾，不但与7个城市接壤，而且涉及了较多的功能定位。目前，仅在交通方面就包含了5个主要港口和4个机场，同时，横琴、南沙、前海，三个广东自贸试验区正在加速建设，滨海新城、空港新城等一批生产生活型空间正在不断开发，岸线空间即将被瓜分殆尽。在这一状况下，密集的岸线开发更需要合理的功能安排，岸线空间的利用更应该聚焦服务和提升空间设置的合理性，关注重大基础设施和创新型需求趋势的岸线空间利用，并且建设广覆盖、高质量的岸线空间公共服务体系，加大对智能岸线空间的科技投入力度，以及加强对生态岸线的监测预警和应急反应能力。另一方面，对于其余5个海湾的开发利用应该在海陆资源环境承载力的基础上，持续提升综合利用水平以集约资源，遏制对海陆资源的无序开发和粗放利用，正确处理生态环境保护与资源开发利用的关系，在不断发展海陆经济的同时最大限度地保护珍贵的岸线空间及海洋资源，持续提高生态环境质量，做到海岸空间的分类开发，平衡环境保护与资源开发之间的关系。

虽然岸线功能合理安排较难在短期内实现，但是以统一规划、有序建设为引导可以有效缓解岸线空间过度开发的现状。将已有的岸线功能与经审批同意、成熟度高、具有重要现实意义的规则进行衔接，并对岸线管控政策进行梳理，进而上升为立法，赋予其更高效力，有机整合岸线开发的综合授权灵活性与各个城市开发权利的稳定性。促进海湾岸线空间的合理使用，可以有效地提高公共服务合作意识，引领带动海湾空间的全面整合，推动由岸线空间服务粤港澳大湾区建设全局的作用。由此共建海湾空间合作发展平台，发挥海湾空间在进一步扩大开放、促进合作、深化改革中的示范引领作用。

7.3.2 统筹大湾区文化与海陆经济发展

文化与经济不是截然分开的两套体系，而是像两个紧紧咬合的齿轮一样，粤港澳大湾区的发展与建设需要把握文化与经济不可分割、相互促进的辩证关系。要充分发挥粤港澳大湾区地方文化及经济特征的优势，促进功能互补、紧密协作、联动发展，从而培育世界级的文化与经济聚合体。

随着人类海陆间活动的日益频繁，不同文化间的触碰不断增多，出现了一系列有关海陆经济的相关理论和方法。15～20世纪，葡萄牙—西班牙—英美等濒海国家先后崛起，通过海陆经济的融合形成了独特的发展路径，这些国家迄今为止依然在国际秩序中占有重要地位。进入21世纪，《联合国海洋法公约》的签订促使各国都制定了相应的海洋战略或海洋法规。中国自2003年《全国海洋经济发展规划纲要》实施以来，沿海经济的集中发展与海陆开发与管理问题，引起了多个组织与学术界的关注。国家层面，2012年国务院印发《全国海洋经济发展"十二五"规划》，内容就涉及了海陆统筹、联动发展等问题，同年，党的十八大报告提出加强对海洋资源的开发能力，在保护海洋生态环境的基础上发展海洋经济，并且要坚决维护国家的海洋权益，将建设海洋强国作为发展目标。2013年，习近平提出了"一带一路"

的合作倡议，即"新丝绸之路经济带"与"21世纪海上丝绸之路"，这一倡议在体现互利共赢、开放包容发展理念的同时，也体现统筹海陆、实现海陆一体化发展的战略思想。地方层面，沿海省市颁布了区域性的相关规划，例如《广东海洋经济综合试验区发展规划（2011年）》《广东省沿海经济带综合发展规划（2017—2030年）》《上海市海洋"十三五"规划》《青岛市"海洋+"发展规划（2015—2020年）》等。对于粤港澳大湾区来说，海洋的发展具有不可估量的潜力，海洋与陆域的统筹发展与建设已经成为这一地区发展战略的新方向。坚持海陆统筹和区域联动，增强海陆发展的带动力，将会极大地增强粤港澳大湾区成为内外循环战略的枢纽作用。

首先，紧密结合"一带一路"建设，深度发掘粤港澳大湾区文化，推进文化和社会经济发展的融合，在延续传统文化的基础上着力培育文化发展的新业态、新模式，并且加快打造先进文化经济体系和现代文化服务业。同时，构建内外兼顾的开放型文化及经济市场，形成全方位的文化空间格局，共创地方文化聚焦、国际经贸合作的新优势，为"一带一路"建设提供有力支撑。其次，建设具有国际竞争力的海陆产业体系，形成引领大湾区高质量发展的坚实基底。通过陆域研究机构和海洋研究机构的合作，实现科技资源整合，加速海陆科技创新体系建设，将科技成果转变为产业化生产，不断培育壮大新的增长点，形成具有国际竞争力的海洋产业结构。同时，优化创新生态系统，参与关于空天、极地、深海等领域的国际规则制定，打造"海洋+陆地+智能"的产业创新。

以文化和科技推动粤港澳大湾区文明进步，掌握新一轮全球科技竞争的战略主动权，推动引领性原创理论、前瞻性基础研究以及前沿性科学难题，实现海陆科技发展的重大突破。在此基础上集聚海陆资源要素，发展战略性海陆新兴产业，强化海陆产业链融合，引导关联产业进入不同环湾圈层空间，并扩大海洋服务业领域，形成粤港澳大湾区海陆新经济。

7.3.3 国际航运中心的建设

国际航运中心作为海陆综合发展的重要枢纽，是增强粤港澳大湾区国际竞争力的重要手段。国际航运中心的建设通常是以港口为依托，形成集人流、资金流、商品流、信息流于一体的空间单元，具有综合服务功能，能对周围地区产生巨大的集聚辐射作用，进而极大地推动社会经济的发展。而且，国际航运中心可以进一步扩大粤港澳大湾区对外开放的深度和广度，使其经济发展深度融合到全球体系中，保持与世界的密切联系。这对发展先进科技和现代服务业，引领地方参与全球产业分工，增强国际竞争力，具有不可替代的作用。另外，通过国际航运中心建设，完善与航运相关的基础设施和提升航运要素的服务功能，是良好海湾环境的组成部分，可以促进航运枢纽功能辐射整个区域，有力地推动全域的深度融合。

国际航运中心能够在更大范围内配置技术、信息和人力等资源，创造新的空间增长点和产业链，从而带动粤港澳大湾区国际科技中心的建设。而且，在国际航运中心打造的过程中，相关结算、融资、保险、汇兑等金融创新和金融产品会形成累积和提升，促进金融资本的有效流动，促进粤港澳大湾区国际金融中心的成长。截至目前，高水平对外开放将使得粤港澳大湾区门户枢纽功能不断强化，具备了一定的国际航运中心建设基础。航运方面，大湾区国际枢纽港口有香港、广州、深圳三处，累计开通国际班轮航线114条、内贸航线32条；贸易方面，保税港区升级为综合保税区，推出功能集成度最高的国际贸易"单一窗口"，进、出口整体通关时间不断缩短，达到全国平均水平的35%；金融业务方面，形成国际金融论坛（IFF）永久会址等一批重点平台和项目，并且实施了国际航运保险免征增值税、启运港退税等政策。与此同时，国际航运中心的建设还需要更为便捷、畅通的海陆基础设施网络，这对粤港澳大湾区信息、物流、交通的一体化将起到极大的推动作用。首当其冲的是必须拥有畅通的海陆运输系统，包括陆运、水运、航空等各种交通相互配合，形成立体化运输方式，保证各类要素的快速集散。对于信息枢纽、物流枢纽与交通枢纽建设方面，粤港澳大湾区应进一步加强基础设施的协作，打造高效、顺畅的综合空间网络体系，形成线上线下的综合发展，以此作为建立内外联系的桥梁。

粤港澳大湾区作为中国南部沿海地区的重要枢纽，自古以来就是对外开放的重要区域，如今作为国家新的战略空间，更应该注重在国际上赢得广阔的发展空间。借助国际航运中心的建设，构建开放型新体制上的更多先行先试，可以加速推动规则衔接、机制对接、产业链接等纽带功能，成为内外大循环的重要节点和链接国内国际的战略支点。与此同时，国际航运中心的建设，将形成更多的"走出去"与"引进来"，增强内外关联功能，在推进双循环战略中起到枢纽角色，并推动粤港澳大湾区走向更广阔的空间。

7.4 政策制度的引导

新制度经济学理论认为，若要降低空间协同发展的成本，应该关注空间要素与治理制度的互动关系。有学者提出影响空间发展的动力包括权力行为和市场驱动两大类[193]。顾朝林等（1989）认为空间结构的变化受到有意识的人为控制和无意识的自然生长两方面的引导与制约[194]；张京祥等（2008）对城镇空间扩张的制度因素进行了分析，认为改革开放以来，制度力成为深刻影响中国城镇空间扩张与结构演变的关键因素，在社会经济发展转型期加快政府的空间规制、土地制度、治理体系等相应的政策制度变革，是实现空间集约增长的根本[195]；李开宇（2010）分析了行政区划对城镇空间扩展过程的作用机制[196]。可以说，政策制度对于空间发展具有关键性影响，决定了空间演进的方式[197]。为解决空间发展的不均衡问题，政府和学界不同程度地认为通过区域整体政策制度引导可以加强空间的分工协作和优势互补，达到空间协同发展和综合治理的目标。粤港澳大湾区与统一制度环境基础上的区域一体化模式不同，面临着错综复杂、碎片化的制度环境。制度环境差异所导致的居高不下的发展成本限制了空间的进一步发展，这是制约粤港澳大湾区一体化的关键问题。如果通过顶层设计来建立有利于空间协同发展的环境条件，消解由于体制差异而造成的制度障碍，将会有效地降低区域一体化的整合成本，从而获得优势互补后的协同效应。而要实现这一目标，一个重要的问题是以政策制度为导向的规则打造。

7.4.1 空间的功能性整合到制度性整合

空间整合的过程可概括为功能性整合与制度性整合，功能性整合是以市场力为主的自组织，而制度性整合则是通过一系列的政策和规划来实现的他组织。对于粤港澳大湾区这一特殊区域，从功能性整合转向制度性整合，是加快空间协同发展、建立空间要素自由流通，以及维护国家利益应对外部挑战的必然选择。粤港澳大湾区在快速发展的过程中，城镇空间拓展已经开始连绵成片，空间联系也在不断增强，但随之更需要的是规则机制等"软联通"水平的不断提升。大湾区下一步除了产业升级、技术升级外，还应强调制度规则的重要性，包括法律规范、技术规则以及社会、投资、贸易等。

在改革开放初期，珠江三角洲同港澳的巨大差异促成了粤港澳大湾区"前店后厂"的空间分工模式，是典型的功能性整合，由产业和市场的自发性推动形成。进入20世纪，粤港澳之间差距不断缩小，三地之间从以前的互补性结构转为替代性结构，原有的功能性协调开始丧失，当功能性整合不能满足空间协同发展要求的时候，就需要政府在空间协调中发挥重要作用。但实际上，粤港澳由于受行政因素阻力的影响非常大，空间要素流通受到大量抑制，不利于区域空间体系的生长与完善，更不利于区域内不同层级空间的合理分工与互补。在此情况下，粤港澳大湾区未来的发展更需要充分发挥顶层设计的作用，不断推进区域的制度性整合，以实现空间协同的发展目标。从某些方面来看，粤港澳大湾区是新时期国家构建对外开放新格局的"创新试验场"，制度性整合就是推动各类规则衔接的创新核心，在一系列基础设施的"硬联通"基础上，围绕服务和促进规则机制的"软联通"显得更为重要。在这一全新坐标系下，规则机制的"软联通"正在各领域产生"化学反应"，一系列围绕现代服务业的试验正在自贸区内有序推进。如对标国际高标准经贸规则，推进制度集成创新，加强与港澳专业资格互认等多项制度创新成果；在金融科技与创新等领域引入"沙盒监管"机制，在口岸经济带，逐渐打破要素自由流动障碍和制度软环境落差，形成全方位开放新格局的"微型试验场"。

回顾以往，构建"一国两制"下新型政策体系可参照的经验包括：前海深港服务业合作区关于香港法律借鉴移植模式，珠海横琴粤澳深度合作区正在探索的延伸澳门自由港政策适用模式，以及港珠澳大桥建设通过构建紧密联系体制机制牵引三地规则、监管和法律衔接模式等。目前，具体的政策办法主要有：湾区内商事登记确认制、财政管理、土地节约集约利用三项工作获国务院督查激励；率先探索商事登记确认制、试点聘任港澳籍劳动人事争议仲裁员和港澳籍人民陪审员等；落户首个自贸试验区自由贸易（FT）账户体系，打造了全国首个常态化粤港澳规则对接平台；粤港澳大湾区暨法律服务正式启用，实现港澳籍人才担任公职人员等。总体来看，不同模式各有优势，应根据粤港澳大湾区合作平台的特点及重点发展领域，在保障安全的前提下积极探索政策体制优化、标准规则对接、要素流通法律促进、民生融合法治保障等政策体系构建。

7.4.2 加强空间治理，营造高质量发展环境

《粤港澳大湾区发展规划纲要》中高度强调"法治"，湾区建设，法治先行。在粤港澳大湾区城镇空间转型升级时期，社会关系越发复杂，相互依赖日益加深。市民、企业与政府间的关系成为空间治理体制建立的根本要求，空间治理成功与否的关键取决于部门之间、公私之间、国家与地方等关系的协调。粤港澳大湾区在一体化过程中，需要政策制度创新的可能性会更大，空间协同的战略重要性更高。为提高粤港澳大湾区空间治理水平，打造高效法治空间，加强大湾区空间协同，近年来广东省各级政府部门不断提升监督能力，找准切入点发挥法律监督职能，对接"湾区所向""广东所能"，用优质的法治空间营造粤港澳大湾区高效的法治化空间环境。未来，大湾区更加需要依法治理，减少各地政府治理水平差异。通过研究世界各地的空间发展经验，以满足人民的美好生活愿望为切入点进行行政体制改革，同时降低对市场和企业的不必要限制，整体提高粤港澳大湾区的空间治理水平。

成功的空间治理需要利益相关者和市政当局、区域机构等紧密合作所形成的制度体系。一是贴合大湾区空间发展需求，把握不同行为主体的诉求，考量政策与空间发展的关系，避免两者的脱节；二是完善空间协同发展的配套政策措施，保障政策实施并产生空间效益，杜绝空间隔离现象；三是解决跨行政区空间要素流动的阻碍问题，可以采用契约、伙伴关系等方式，形成协同发展合作机制，增进空间的互联互通能力。例如：跨境科技创新合作区探索数字技术支撑的监管与流动政策，利用智能识别等技术实现人员、货物无感通关、免验通关；或者在自贸试验区探索港澳居民"户籍待遇"政策，落实口岸经济带内工作、就业、生活的港澳居民户籍待遇等。与此同时，引入与公众、专家、学者等群体的交流机制，统筹各类利益诉求，应用现代化技术方法，进行跨境全域规划的编制。构筑空间多元主体互动的协调机制，注重规划与市场的紧密结合，广泛开展各项空间规划、专项规划和行动计划的相互结合，消除粤港澳大湾区空间建设发展中存在的开发保护、意识形态、分配机制、补偿机制难以调和等方面的障碍。

7.4.3 政策制度上移，从各自为政到共识发展

政策制度作为影响空间发展的重要因素，空间协同需要在市场机制自由配置空间资源的基础上，依靠政府科学地引导未来的发展，二者缺一不可。粤港澳大湾区在地市层面参与空间协同治理受到明显的法律制度约束，冲突与分异是区域空间发展面临的主要问题，不同法

律制度下的三地开展的空间规划和区府合作，不只是存在管理、经贸、民商事等方面的制度差异，还存在执法权、司法权和立法权上的冲突。在孤立阶段，三地规划分头进行，各地之间主要通过征求意见和学术交流来考虑产业发展和基础设施建设。改革开放以后，三地已经逐渐意识到了合作的重要性，1987年，"粤港澳大三角国际旅游区"的设想被广东省旅游局（今文化和旅游局）首次提出。1994年，《珠江三角洲经济区域城市群规划》提出建设"广深港"发展轴、"广珠澳"发展轴，但合作仅仅停留在概念层面。港澳回归带动了三地合作的进一步加深，空间规划合作开始从战略意义落实到具体空间上。2008年，《珠江三角洲地区改革发展规划纲要》第一次在国家层面提出珠江三角洲与港澳融合发展的目标要求。2019年，更由中共中央、国务院印发了《粤港澳大湾区发展规划纲要》，进一步提升粤港澳大湾区在国家经济发展和对外开放中的支撑引领作用，明确了粤港澳三方的发展目标，完善空间发展格局。之后出台的空间规划与实施方案，大多数都是以全面合作为主线，深化合作机制并推进基础设施的对接。

粤港澳合作的实践在现有法制框架内，对规则衔接制度作了不少有益探索，为大湾区建设积累了宝贵的经验和素材，但仍有优化空间。粤港澳大湾区发展才刚刚起步，还面临着众多问题，许多营商规则和空间规则若没有很好的协调将会导致相互间的恶性竞争，影响其未来的发展。所以，大湾区要形成合力，内部规则一定要相互协调，这在"十四五"期间非常迫切，众多问题需要在更高层面上进行解决。需要在国家战略和政策方面进行顶层设计，指导粤港澳大湾区空间发展规划，促进资本、人才、用地等要素的自由流动，推动社会、经济、环境等方面的融合。提高政策制度供给力，也是粤港澳大湾区能否实现全域化、体系化的重要风向标。

总体而言，行政差异与刚性制度约束是区域整合瓶颈形成的主要原因，区别于其他城市群或巨型城市区域的体制内部合作，粤港澳大湾区在"一国两制"方针下得以多元共存，是多种制度的协调，是多个市场体系的融合，是在多种经济制度、货币制度、行政体制与财政体系上的协作。虽然粤港澳三地的生活方式、公民权益差异较大，不同的制度差异形成行动主体的不同认知，但是多元制度和空间相互作用中能产生足够的张力，进而激发空间的灵活性，促使政策制度的创新，推进"一国两制"下三个不同行政区之间法制协同，推进规则衔接、机制对接。政策制度上移作为"一国两制"下粤港澳大湾区全域发展的保障，并非改变"一国两制"的分制导向，而是将制度差异化带来的碎片的、短期的、局部的、经济维度的利益导向，扩展为长期、整体、综合维度的效果导向。因此，政策制度上移在目前来说非常必要，而且有助于规避制度各异带来的空间流动障碍。

［1］HARVEY D. The enigma of capital［M］. New York：Oxford University Press，2010.

［2］SHEPPARD E. The spaces and times of globalization：place，scale，networks，and positionality［J］. Economic geography，2002，78（3）：307-330.

［3］宋家泰. 城市—区域与城市区域调查研究：城市发展的区域经济基础调查研究［J］. 地理学报，1980（4）：277-287.

［4］CAMAGNI R，CAPELLO R. The city network paradigm：theory and empirical evidence［M］. Netherlands：Elsevier B V，2004.

［5］卢明华. 荷兰兰斯塔德地区城市网络的形成与发展［J］. 国际城市规划，2010，25（6）：53-58.

［6］HENDERSON J，DICKEN P，MARTIN H，et al.. Global production networks and the analysis of economic development［J］. Review of international political economy，2002，9（3）：436-464.

［7］吴缚龙. 城市区域管治：通过尺度重构实现国家空间选择［J］. 北京规划建设，2018（1）：6-8.

［8］吴康，方创琳，赵渺希，等. 京津城际高速铁路影响下的跨城流动空间特征［J］. 地理学报，2013，68（2）：159-174.

［9］顾朝林. 巨型城市区域研究的沿革和新进展［J］. 城市问题，2009（8）：2-10.

［10］赵渺希，等. 城市网络的一种算法及其实证比较［J］. 地理学报，2014，69（2）：169-183.

［11］吴缚龙. 超越渐进主义：中国的城市革命与崛起的城市［J］. 城市规划学刊，2008（1）：18-22.

［12］钱慧，罗震东. 欧盟"空间规划"的兴起、理念及启示［J］. 国际城市规划，2011，26（3）：66-71.

［13］郭锐，樊杰. 城市群规划多规协同状态分析与路径研究［J］. 城市规划学刊，2015（2）：24-30.

［14］VOLBERDING P E. Regions in globalization：the rise of the economic relationship between the San Francisco Bay area and China［J］. Berkeley undergraduate journal，2011，23（2）：1-32.

［15］陈德宁，郑天祥，邓春英. 粤港澳共建环珠江口"湾区"经济研究［J］. 经济地理，2010，30（10）：1589-1594.

［16］李睿. 国际著名"湾区"发展经验及启示［J］. 港口经济，2015（9）：5-8.

［17］广东省城乡规划设计研究院，珠三角空间规划研究中心. 湾区的元年与展望：2017年度粤港澳大湾区空间发展年度评估报告［R］.

［18］王宏彬. 湾区经济与中国实践［J］. 中国经济报告，2014（11）：99-100.

［19］何海兵. 西方城市空间结构的主要理论及其演进趋势［J］. 上海行政学院学报，2005（5）：98-106.

［20］唐子来. 西方城市空间结构研究的理论和方法［J］. 城市规划汇刊，1997（6）：1-11.

［21］亚里士多德. 物理学［M］. 徐开来，译. 北京：中国人民大学出版社，2003：90.

［22］李浙生. 物理科学与认识论［M］. 北京：冶金工业出版社，2004：82.

［23］亚历山大·柯瓦雷. 从封闭世界到无限宇宙［M］. 张卜天，译. 北京：北京大学出版社，2008：147.

［24］康德. 纯粹理性批判［M］. 邓晓芒，译. 北京：人民出版社，2004：27.

［25］HUBBARD P. Thinking geographically：space，theory and contemporary human geography［M］. London：Continuum，2002：300-320.

［26］亨利·列斐伏尔. 空间与政治［M］. 李春，译. 上海：上海人民出版社，2008：133.

［27］LEFEBVRE H. The production of space［M］. Translated by Donald Nicholson-Smith.Oxford：Blackwell Ltd.，1991：26.

［28］包亚明. 后现代与地理学的政治［M］. 上海：上海人民出版社，2001：32-33.

［29］JAMESON F. Postmodernism or the cultural logic of late capitalism［M］. Duke：Duke University of Illinois Press，1990：104.

［30］大卫·哈维. 新帝国主义［M］. 初立忠，沈晓雷，译. 北京：社会科学文献出版社，2009：72.

［31］爱德华·索亚. 后现代地理学：重申批判社会理论中的空间［M］. 王文斌，译. 北京：商务印书馆，2003：11.

［32］CASTELLS M. The rise of the network society［M］. Cambridge：Blackwell，1996：1-594.

［33］岑迪，周剑云，赵渺希. "流空间"视角下的新型城镇化研究［J］. 规划师，2013，29（4）：15-20.

［34］谢俊贵. 中国城市化进程中的城市空间拓展策略［J］. 人文地理，2009，24（4）：88-90.

［35］TAYLOR P J，DERUDDER B，SAEY P. Cities within spaces of flows：theses for a materialist understanding of the external relations of cities［M］. London：Routledge，2007：287-297.

［36］BEAVERSTOCK J V, SMITH R G, TAYLOR P J. World city network: a new metageography［J］. Annals of the association of American geographers, 2000, 90（1）: 123–134.

［37］ZOOK B. From podes to antipodes: positionalities and global airline geographies［J］. Annals of the association of American geographers, 2006, 96（3）: 471–490.

［38］ALDERSON A, BECKFIELD J. Power and position in the world city system［J］. American journal of sociology, 2004, 109（4）: 811–851.

［39］吴缚龙, 王红扬. 解读城市群发展的国际动态［C］//中国城市规划学会. 中国城市规划年会论文集: 上. 北京: 中国建筑工业出版社, 2006: 122–129.

［40］CASTELLS M. The rise of the network society［M］. Cambridge: Blackwell, 1996: 426–524.

［41］SMITH D A, TIMBERLAKE M F. Conceptualising and mapping the structure of the world system's city system ［J］. Urban studies, 1995, 32（2）: 287–302.

［42］崔功豪. 区域分析与规划［M］. 北京: 高等教育出版社, 1999: 10–50.

［43］盛洪. 分工与交易［M］. 上海: 上海人民出版社, 1992: 32–48.

［44］多琳·麦茜. 劳动的空间分工: 社会结构与生产地理学［M］. 梁光严, 译. 北京: 北京师范大学出版社, 2010: 8–25.

［45］李健. 全球城市-区域的生产组织及其运行机制［J］. 地域研究与开发, 2012, 31（6）: 1–6.

［46］宁越敏, 石崧. 从劳动空间分工到大都市区空间组织［J］. 上海城市规划, 2011（5）: 123.

［47］潘悦. 国际产业转移的四次浪潮及其影响［J］. 现代国际关系, 2006（4）: 23–27.

［48］FUJITA M, KRUGMAN P, VENABLES A J. The spatial economy, cities, regions and international trade［M］. Cambridge: Cambridge University Press, 1999: 214–226.

［49］WALL R S. The geography of global corporate networks: the poor, the rich, and the happy few countries［J］. Environment and planning A, 2011, 43: 904–927.

［50］WEBBER M M. Explorations into urban structure［M］. Philadelphia: University of Pennsylvania Press, 1964.

［51］苗东升. 系统科学精要［M］. 北京: 中国人民大学出版社, 2007: 4.

［52］陈禹, 钟佳桂. 系统科学与方法概论［M］. 北京: 中国人民大学出版社, 2006: 28.

［53］FOLEY D L. An approach to metropolitan spatial structure［M］. Philadelphia: University of Pennsylvania Press, 1964.

［54］BOURNE L S. Internal structure of the city: reading on urban form, growth and policy［M］. 2nd ed. New York: Oxford University Press, 1982.

［55］H. 哈肯. 协同学: 大自然构成的奥秘［M］. 凌复华, 译. 上海: 上海译文出版社, 1995: 239.

［56］ANSELL C, GASH A. Collaborative governance in theory and practice［J］. Journal of public research and theory, 2008, 18（4）: 543–571.

［57］LUGER M I. The economic value of the coastal zone［J］. Journal of environmental systems, 1992, 21（4）: 1–7.

［58］MORRISSEY K, DONOGHUE C, HYNES S. Quantifying the value of multisectoral marine commercial activity in Ireland［J］. Marine Policy, 2011, 35（5）: 721–727.

［59］藤田昌久, 保罗·R. 克鲁格曼, 安东尼·J. 维纳布尔斯. 空间经济学: 城市、区域与国际贸易［M］. 梁琦, 译. 北京: 中国人民大学出版社, 2013: 201–210.

［60］马忠新, 伍凤兰. 湾区经济表征及其开放机理发凡［J］. 改革, 2016（9）: 88–96.

［61］李红. 跨境湾区开发的理论探索: 以中越北部湾及粤港澳湾区为例［J］. 东南亚研究, 2009（5）: 54–59.

［62］张日新, 谷卓桐. 粤港澳大湾区的来龙去脉与下一步［J］. 改革, 2017（5）: 64–73.

［63］伍凤兰, 陶一桃, 申勇. 湾区经济演进的动力机制研究: 国际案例与启示［J］. 科技进步与对策, 2015, 32（23）: 31–35.

［64］BALLSSA B A. The theory of economic integration［J］. Journal of political economy, 1961, 29（1）: 47.

［65］CLARK J R. Coastal zone management handbook, F, 1995［C］.

［66］BATTY M. Virtual geography［J］. Futures, 1997, 29（4/5）: 337–352.

［67］石崧, 宁越敏. 人文地理学"空间"内涵的演进［J］. 地理科学, 2005, 25（3）: 340–345.

［68］苗长虹, 魏也华. 西方经济地理学理论建构的发展与论争［J］. 地理研究, 2007, 26（6）: 1233–1246.

［69］萨斯基娅·萨森, 许玫. 新型空间形式: 巨型区域和全球城市［J］. 国际城市规划, 2011. 26（2）: 34–43.

［70］李郇, 周金苗, 黄耀福, 等. 从巨型城市区域视角审视粤港澳大湾区空间结构［J］. 地理科学进展, 2018, 37（12）: 1609–1622.

［71］周干峙. 城市及其区域: 一个典型的开放的复杂巨系统［J］. 城市规划, 2002, 26（2）: 7–18.

［72］保罗·诺克斯, 琳达·迈克卡西. 城市化［M］. 顾朝林, 杨兴柱, 汤培源, 译. 北京: 科学出版社, 2017: 2.

［73］CALLON M, LATOUR B. Don't throw the baby out with the bath school! A reply to collins and yearley［M］. Chicago: Chicago University Press, 1992: 350.

［74］王祥荣. 生态与环境［M］. 南京: 东南大学出版社, 2000: 114.

［75］赵渺希, 钟烨, 徐高峰. 中国三大城市群多中心网络的时空演化［J］. 经济地理, 2015, 35 (3): 52-59.

［76］李学鑫. 分工、专业化与城市群经济［M］. 北京: 科学出版社, 2011: 4.

［77］贺艳华, 周国华, 唐承丽. 城市群地区城乡一体化空间组织理论初探［J］. 地理研究, 2017 (2): 241-253.

［78］龙花楼, 刘永强, 李婷婷, 等. 生态文明建设视角下土地利用规划与环境保护规划的空间衔接研究［J］. 经济地理, 2014, 34 (5): 1-8.

［79］周锐. 快速城镇化地区城镇扩展的生态安全格局［J］. 城市发展研究, 2013, 20 (8): 82-87, 100.

［80］保罗·诺克斯, 琳达·迈克卡西. 城市化［M］. 顾朝林, 汤培源, 译. 北京: 科学出版社, 2009.

［81］ULLMAN E. A theory of location for cities［J］. American journal of sociology, 1941, 46 (6): 853-864.

［82］ROY J R, THILL J C. Spatial interaction modelling［M］. Berlin: Springer, 2004: 2.

［83］TOBLER W. A computer movie simulating urban growth in the detroit region［J］. Economic geography, 1970, 46 (2): 234-240.

［84］MILLER H J. Tobler's First Law and spatial analysis［J］. Annals of the association of American geographers, 2004, 94 (2): 284-289.

［85］HARVEY D. Social justice and the city［M］. Oxford: Basil Blackwell, 1973.

［86］唐子来. 西方城市空间结构研究的理论和方法［J］. 城市规划汇刊, 1997 (6): 1-11, 63.

［87］张京祥, 罗震东, 何建颐. 体制转型与中国城市空间重构［M］. 南京: 东南大学出版社, 2007.

［88］FORTUNA M A, GÓMEZ-RODRÍGUEZ C, BASCOMPTE J. Spatial network structure and amphibian persistence in stochastic environments［J］. Biological sciences, 2006, 273: 1429-1434.

［89］顾朝林, 张敏. 长江三角洲城市连绵区发展战略研究［J］. 现代城市研究, 2000 (1): 7-11, 62.

［90］CAMAGNI R, MARTELLATO D. European metropolitan housing markets［M］. Berlin: Springer, 2007.

［91］姚士谋, 管驰明, 王书国, 等. 中国城市化发展的新特点及其区域空间建设策略［J］. 地球科学进展, 2007 (3): 271-280.

［92］LYNCH K. Good city form［M］. Cambridge: MIT Press, 1981.

［93］BATTY M, XIE Y. From cells to cities［J］. Environment and planning B, 1994, 21 (7): 31-48.

［94］齐康. 城市的形态: 研究提纲初稿［J］. 城市规划, 1982 (6): 16-25.

［95］武进. 中国城市形态［M］. 南京: 江苏科学技术出版社, 1990: 9-13.

［96］闫梅, 黄金川. 国内外城市空间扩展研究评析［J］. 地理科学进展, 2013, 32 (7): 1039-1050.

［97］叶昌东, 周春山. 中国特大城市空间形态演变研究［J］. 地理与地理信息科学, 2013, 29 (3): 70-75.

［98］SCOTT A. Metropolis: from the division of labor to urban form［M］. Berkeley: University of California Press, 1998.

［99］CASTELLS M. The information city［M］. Oxford: Basil Blackwell, 1989.

［100］张京祥. 西方城市规划思想史纲［M］. 南京: 东南大学出版社, 2005.

［101］BRENNER N. Restructuring, rescaling and the urban question［J］. Critical planning, 2009, 16 (4): 61-79.

［102］PAELINCK J. Spatial development planning: adynamic convex programming approach: Masahisa Fujita North-Holland［M］. North Holland, 1979.

［103］ANSELIN L. Spatial econometrics methods and model［M］. Kluwer Academic Publishers, 1988.

［104］李玉江, 陈培安, 吴玉麟. 城市群形成动力机制及综合竞争力研究［M］. 北京: 科学出版社, 2009: 240-256.

［105］陈芳森, 黄慧萍, 贾坤. 时空大数据在城市群建设与管理中的应用研究进展［J］. 地球信息科学学报, 2020, 22 (6): 1307-1319.

［106］陈颖彪, 郑子豪, 吴志峰, 等. 夜间灯光遥感数据应用综述和展望［J］. 地理科学进展, 2019, 38 (2): 205-223.

［107］林炳耀. 城市空间形态的计量方法及其评价［J］. 城市规划汇刊, 1998 (3): 42-45.

［108］塔费. 城市等级-飞机乘客的限界［J］. 经济地理 (英文版), 1962: 1-14.

［109］王德忠, 庄仁兴. 区域经济联系定量分析初探: 以上海与苏锡常地区经济联系为例［J］. 地理科学, 1996 (1): 51-57.

［110］DANKOV S. Freund trade flows in the former soviet union 1987 to 1996［J］. Journal of comparative economics, 2002, 30 (1): 76-90.

［111］MATSUMOTO H. International urban systems and air passenger and cargo flows some calculations［J］. Journal of air transport management, 2004 (10): 241-249.

[112] 顾朝林，庞海峰. 基于重力模型的中国城市体系空间联系与层域划分 [J]. 地理研究，2008，27（1）：1–12.

[113] 林先扬，陈忠暖，蔡国田. 国内外城市群研究的回顾与展望 [J]. 热带地理，2003（1）：44–49.

[114] 冷炳荣，等. 中国城市经济网络结构空间特征及其复杂性分析 [J]. 地理学报，2011，66（2）：199–211.

[115] 唐子来，李涛. 京津冀、长三角和珠三角地区的城市体系比较研究：基于企业关联网络的分析方法 [J]. 上海城市规划，2014（6）：37–45.

[116] 马向明，陈洋. 粤港澳大湾区：新阶段与新挑战 [J]. 热带地理，2017，37（6）：762–774.

[117] 顾朝林，李玞. 基于多源数据的国家中心城市评价研究 [J]. 北京规划建设，2017（1）：40–47.

[118] 年福华，姚士谋，陈振光. 试论城市群区域内的网络化组织 [J]. 地理科学，2002（5）：568–573.

[119] 陆铭. 空间的力量：地理、政治与城市发展 [M]. 上海：上海人民出版社，2014：24–26.

[120] 周韬. 城市"空间–产业"互动发展研究 [M]. 北京：中国经济出版社，2016：9–11.

[121] 吴家玮. 一飞冲天还是一败涂地：兼论"港深湾区" [J]. 中国评论，2001（7）.

[122] 黄枝连. CEPA与"伶仃洋发展湾区" [N]. 文汇报，2006–07.

[123] 俞友康. 万山群岛湾区发展战略探讨 [J]. 港口经济，2007（4）：46–48.

[124] 胡兆量. 珠三角港澳化及湾区中心化：关于大珠三角地区发展的几点思考 [J]. 城市问题，2009（9）：2–4.

[125] 司徒尚纪. 珠江三角洲经济地理网络的历史变迁 [J]. 热带地理，1991（2）：113–120.

[126] 许学强，李郇. 改革开放30年珠江三角洲城镇化的回顾与展望 [J]. 经济地理，2009，29（1）：13–18.

[127] 王光振，张炳申. 珠江三角洲经济 [M]. 广州：广东人民出版社，2001：257–258.

[128] 李郇，郑莎莉，梁育填. 贸易促进下的粤港澳大湾区一体化发展 [J]. 热带地理，2017，37（6）：792–801.

[129] 杨永华. 20世纪90年代中国内地与澳门的对外贸易 [J]. 华南师范大学学报（社会科学版），1998（4）：25–28.

[130] YANG C. From market–led to institution–based economic integration：the case of the Pearl River Delta and Hong Kong [J]. Issues & studies，2004，40（2）：79–118.

[131] 宋丁. 粤港澳大湾区战略推进的背景分析 [J]. 特区经济，2017（7）：11–13.

[132] 李立勋. 关于"粤港澳大湾区"的若干思考 [J]. 热带地理，2017，37（6）：757–761.

[133] 徐君亮. 河口海岸研究与国土开发整治 [J]. 地理学与国土研究，1986（1）：15–22.

[134] 赵玉灵. 粤港澳大湾区自然资源遥感调查与保护建议 [J]. 国土资源遥感，2018，30（4）：139–147.

[135] 徐君亮，李永兴，蔡福祥，等. 珠江口伶仃洋滩槽发育演变 [M]. 北京：海洋出版社，1985.

[136] 广东省人民政府办公厅. 广东省沿海港口布局规划 [Z]. 2008.

[137] 边淑华，夏东兴，吕京福. 中国基岩海湾潮汐汊道地貌发育及沉积动力特征 [J]. 海洋科学进展，2003，22（3）：228–307.

[138] 王世福，陈丹彤. 从名城保护到文化兴湾的广州思考 [J]. 城市观察，2019（5）：18–28.

[139] 乔治·拉伦. 意识形态与文化身份：现代性和第三世界的在场 [M]. 戴从容，译. 上海：上海教育出版社，2005：214.

[140] 乔纳森·弗里德曼. 文化认同与全球化过程 [M]. 郭建如，译. 北京：商务印书馆，2004：112–356.

[141] 费孝通. 文化与文化自觉 [M]. 北京：群言出版社，2012：263.

[142] 威尔·金利卡. 自由主义、社群与文化 [M]. 应奇，葛水林，译. 上海：上海世纪出版集团，2005：129.

[143] YEH A G O. Hong Kong and the Pearl River Delta：competition or cooperation [J]. Built environment，2001，27（2）：129–145.

[144] 杨春. 多中心跨境城市区域的多层级管治：以大珠江三角洲为例 [J]. 国际城市规划，2008（1）：79–85.

[145] 刘云刚，侯璐璐，许志桦. 粤港澳大湾区跨境区域协调：现状、问题与展望 [J]. 城市观察，2018（1）：7–25.

[146] 蔡赤萌. 粤港澳大湾区城市群建设的战略意义和现实挑战 [J]. 广东社会科学，2017（4）：5–14，254.

[147] 中共中央办公厅、国务院办公厅. 省级空间规划试点方案 [Z]. 2016：51.

[148] 国务院第一次全国地理国情普查领导小组办公室. 地理国情普查内容与指标：GDPJ 01—2013 [S]. 2013.

[149] 中华人民共和国国家质量监督检验检疫总局，中国国家标准化管理委员会. 土地利用现状分类：GB/T 21010—2017 [S]. 北京：中国标准出版社，2017.

[150] 中华人民共和国住房和城乡建设部. 城市用地分类与规划建设用地标准：GB 50137—2011 [S]. 北京：中国计划出版社，2012.

[151] 刘盛和，吴传钧，沈洪泉. 基于GIS的北京城市土地利用扩展模式 [J]. 地理学报，2000（4）：407–416.

［152］王磊，段学军. 长江三角洲地区城市空间扩展研究［J］. 地理科学，2010，30（5）：702-709.

［153］王法辉. 基于GIS的数量方法与应用［M］. 北京：商务印书馆，2009.

［154］BATTY M. Fractals-geometry between dimensions［J］. New Scientist, 1985, 106：31-35.

［155］WHITE R, ENGELEN G. Cellular automata and fractal urban form：aellular modeling approach to the evolution of urban land-use patterns［J］. Environment and planning, 1993, 25：1175-1199.

［156］姜世国，周一星. 北京城市形态的分形集聚特征及其实践意义［J］. 地理研究，2006（2）：204-212, 369.

［157］刘继生，陈彦光. 城市地理分形研究的回顾与前瞻［J］. 地理科学，2000，20（2）：166-171.

［158］BENGUIGUI L, CZAMANSKI D, ARINOV M, et al.. When and where is a city fractal environment and planning［J］. Planing and design, 2000, 27：507-519.

［159］BATTY M, LONGLEY P A. Fractal cities：a geometry of form and function［M］. London：Academic Press, Harcourt Brace& Company Publishers, 1994.

［160］王新生，刘纪远，庄大方. 中国特大城市空间形态变化的时空特征［J］. 地理学报，2005，60（3）：392-400.

［161］杨荣南，张雪莲. 城市空间扩展的动力机制与模式研究［J］. 地域研究与开发，1997（2）：1-5.

［162］CAPELLO R. The city network paradigm：measuring urban network externalities［J］. Urban studies, 2000, 37（11）：1925-1945.

［163］ULLMAN E L. American commodity flow［M］. Seattle：University of Washington Press，1957.

［164］OHLIN B. Interregional and international trade［M］. Cambridge：Harvard University Press, 1933.

［165］STOUFFER S A. Intervening opportunities：a theory relating mobility and distance［J］. American sociological review, 1940, 5（6）：845-867.

［166］DOBKINS L H, IOANNIDES Y M. Spatial interactions among us cities 1900-1990［J］. Regional science and urban economics，2001, 31（6）：701-731.

［167］TAFFE E J. The geography of air transport［J］. Economic geography, 1959, 35（2）：181-182.

［168］戴学珍，吕春阳，郑伊硕，等. 交通方式对京津冀空间相互作用贡献率分析［J］. 经济地理，2019，39（8）：36-43.

［169］许学强，程玉鸿. 珠江三角洲城市群的城市竞争力时空演变［J］. 地理科学，2006（3）：257-265.

［170］CAMAGNI R, SALONE C. Network urban structures in northern Italy：elements for a theoretical framework［J］. Urban studies, 1993, 30（6）：1053-1064.

［171］阎小培，郭建国，胡宇冰. 穗港澳都市连绵区的形成机制研究［J］. 地理研究，1997（2）：23-30.

［172］罗健，叶晓琳. 粤港澳综合交通运输体系的完善对跨境水上高速客运业务的影响探析［J］. 珠江水运，2013（21）：76-79.

［173］蒋天颖，谢敏，刘刚. 基于引力模型的区域创新产出空间联系研究：以浙江省为例［J］. 地理科学，2016，34（11）：1320-1326.

［174］FROST M E, SPENCE N A. The rediscovery of accessibility and economic potential：the critical issue of self potential［J］. Environment and planning A, 1995, 27（11）：1833-1848.

［175］DEMATTEIS G. Globalisation and regional integration：the case of the Italian urban system［J］. Geojournal, 1997, 43（4）：331-338.

［176］许学强，周一星，宁越敏. 城市地理学［M］. 北京：高等教育出版社，1997：192-194.

［177］刘军. 社会网络分析导论［M］. 北京：社会科学文献出版社，2004.

［178］炳荣，杨永春，李英杰. 中国城市经济网络结构空间特征及其复杂性分析［J］. 地理学报，2011，66（2）：199-211.

［179］DURANTON G, PUGA D. Nursery cities：urban diversity, process innovation, and the life cycle of products［J］. American economic of review, 2001, 91（5）：1454-1477.

［180］沃尔特·艾萨德. 区位与空间经济：关于产业区位、市场区、土地利用、贸易和城市结构的一般理论［M］. 杨开忠，等，译. 北京：北京大学出版社，2011：88-91.

［181］乔继明，宁越敏. 试论西方国家劳动空间分工理论的发展［J］. 世界地理研究，1992（1）：38-44.

［182］ALONSO W. Location and land use［M］. Cambridge：Harvard University Press, 1965.

［183］周春山，邓鸿鹄，史晨怡. 粤港澳大湾区协同发展特征及机制［J］. 规划师，2018，34（4）：5-12.

［184］胡霞，古钰. 粤港澳大湾区城市产业发展比较研究［J］. 开发研究，2019（3）：10-20.

［185］孙久文，夏添，胡安俊. 粤港澳大湾区产业集聚的空间尺度研究［J］. 中山大学学报（社会科学版），2019，59（2）：178-186.

［186］SCOTT A J. Low-wage workers in a high-technology manufacturing complex：the southern Californian electronics assembly industry［J］. Urban studies，1992，29（8）：1231-1246.

［187］宁越敏. 从劳动分工到城市形态（一）：评艾伦·斯科特的区位论［J］. 城市问题，1995（2）：18-21.

［188］李小建. 公司地理论［M］. 北京：科学出版社，2002.

［189］王缉慈，梅丽霞，谢坤泽. 企业互补性资产与深圳动漫产业集群的形成［J］. 经济地理，2008，28（1）：49-54.

［190］景涛，刘玉亭，程娟. 小城镇工业用地空间绩效研究［J］. 小城镇建设，2019，37（8）：27-35.

［191］ROSENTHAL S S，STRANGE W C. Evidence on the nature and sources of agglomeration economies［J］. Regional and urban economics，2004，4：2119-2171.

［192］SCOTT A J，STORPER M. Regions，globalization development［J］. Regional studies，2007，41（S1）：191-205.

［193］FORM W H. The place of social structure in the determination of land use［J］. Social forces，1954，32（4）：317-323.

［194］顾朝林，熊江波. 简论城市边缘区研究［J］. 地理研究，1989，8（3）：95-101.

［195］张京祥，洪世键. 城市空间扩张及结构演化的制度因素分析［J］. 规划师，2008，24（12）：40-43.

［196］李开宇. 行政区划调整对城市空间扩展的影响研究：以广州市番禺区为例［J］. 经济地理，2010，30（1）：22-26.

［197］FURUBOTN E G，RICHTER R. Institutions and economic theory：the contribution of the new institutional economics［M］. Ann Arbor：University of Michigan Press，2005.